AF396194

GIGANTOLOGIE

DISCOVRS
SVR LA GRANDEVR
DES GEANTS.

Où il est demonstré, que de toute
ancienneté les plus grands hommes, & Geants, n'ont esté plus
hauts que ceux de ce
temps.

*Quis autem vestrum assiduè cogitans po-
test adijcere ad staturam suam cubi-
tum vnum? Matthei cap.6.*

A PARIS,
Chez ADRIAN PERIER, ruë Sainct
Iacques, au Compas.
M. DC. XVIII.

A
MONSEIGNEVR

DE LVYNES, CONSEIL-
ler du Roy en ses Conseils d'Estat &
Priué, premier Gentilhomme de la
Chambre de sa Majesté, grand Faul-
connier de France, & Lieutenant
general en la Prouince de Normandie

MONSEIGNEVR,

Cet excellent Architecte
Dinocrate venant de Macedoine
en la Cour d'Alexandre le Grand,
auec lettres de recommendation,
addreslees à ceux qui estoient pres

á ij

la perfonne du Roy en credit, afin
que par leur faueur il peuft declarer
au Roy, les beaux deffeins qu'il a-
uoit inuenté: On luy promit de le
prefenter auRoy à la premiere com-
modité, mais s'ennuyant de trop at-
tendre, & craignant que telles pro-
meffes courtifannes ne fuffent pour
l'amufer, & deftourner de fa pour-
fuite; fe delibere auec vne hardieffe
effrontee de fe prefenter deuant le
Roy en vn equippage eftrange, lors
que feant en fon throfne il rendroit
la iuftice au peuple. Il ceint & enui-
ronne fa tefte d'vne couronne de
Peuplier, portant fur l'efpaule gauche vne peau de Lion, tenant en fa
main droicte vne maffe, & en cet
habit & pofture d'Hercules f'appro-
che du Roy, lequel auffi toft qu'il
eut demandé, quel eftoit cet homme ainfi reueftu & habillé, Dinocra-

te prenant la parole dit, qu'il estoit
Architecte, luy apportant des excel-
lents desseins, dignes de sa grãdeur,
aufquels Alexandre prit vn si grand
plaisir, que deslors se voulut seruir
de Dinocrate, & le retint à sa suite.
MONSEIGNEVR, mes intentions sont
toutes semblables à celles de Dinocrate, bien que mes inuétions soiét
vn peu dissemblables: Car Dinocrate Architecte promettoit de tailler
& former le mont Athos en figure
humaine, representant Alexandre,
& moy qui suis Medecin, faisant profession de l'Anatomie, i'ay des in-
uentions nouuelles sur le corps humain, que i'ay depuis seize ans diligemment examiné, & curieusement anatomisé, pour en dresser le
corps d'vn œuure parfait, & le tout
de mon inuétion, que ie desire pre-
senter à sa Maiesté. Pour y paruenir:

á iij

ie m'adreſſe à uous Monseigneur,
qui eſtes pres la Sacree Perſonne de
noſtre Roy, ce qu'eſtoit Epheſtion
pres Alexãdre le Grãd, au grand cõ-
tentemẽt des bós Frãçois, auec vne
lettre de recómendation, qui eſt ce
petit liure, que ie preſente à vóſtre
Grãdeur. Et bien que ie n'aye aucun
ſujet d'entrer en doute & défiance,
de la faueur qu'auez accouſtumé de
móſtrer & teſmoigner à ceux, qui ho
norent voſtre vertu. Neãtmoins i'ay
pris la hardieſſe de pareſtre deuant
vous en habit d'Hercules, promettãt
par mon diſcours abattre & réuerſer
la grãdeur enorme des Geãts. Sur ce
ſujet ie trouue vne grãde difficulté,
pour ſçauoir au vray ſ'ils eſtoiẽt hómes de grãdeur exceſſiue, ou bié cóme les plº doctes tiennẽt, que ce fuſſent des hommes de grãde force, de
laquelle abuſans alloiẽt par les pays

trauaillás & perſecutás les peuples. De
fait, les Tyrás dans la ſainĉte Eſcriture
ſont appellez *gigantes*, & dás les Grecs
le meſme nom leur eſt dóné, & diſent
elegamment les Grecs γιγαντιᾷ, pour
ſignifier vne domination Tyránique.
ᴍᴏɴ deſſein en ce diſcours, eſtant de
monſtrer que ces Tyrans, eſtoient les
Geants tant redoutez par les anciens.
Pour verifier mon opinion, ie ne puis
mieux m'addreſſer qu'à vous ᴍᴏɴsᴇɪ-
ɢɴᴇᴠʀ, qui auez miraculeuſement eſ-
chappé la furie du Tyrá, qui rauageoit
& ruinoit la France, ſi Dieu par ſa mi-
ſericorde n'euſt reſueillé & conduit
l'eſprit de noſtre Roy, noſtre Hercule
Frāçois Γιγαντολέτης, lequel par la force
de ſon bras a terraſſé le Geant, iournee
de noſtre ſalut & cóſeruatió, qui nous
doit eſtre auſſi ioyeuſe & heureuſe,
que celle de noſtre naiſſance. Victoire
qui a cálmé & pacifié tous les troubles

de la Frãce, miſerablemẽt agitee & de-
ſolee par les guerres ciuiles : Nous re-
dónant la douceur & tranquilité de la
paix. Partãt perſonne ne doit plus ſ'eſ-
merueiller, ſi noſtre Roy tout victo-
rieux & trióphant vous aime, Monseignevr, qui eſtes ſon tres-fidel & tres-
affectióné ſeruiteur, puiſque l'Aluyne
eſtoit anciennement le breuuage de
ſanté, qu'on dónoit au Capitole à ceux
qui trióphoient, Ce que les Romains
auoient appris des Ægyptiens, qui te-
noient l'Aluyne pour le hieroglyphi-
que de ſanté, que les Preſtres Iſiaques
portoient touſiours en leurs mains.
Ceſte herbe touſiours verdoyãté, ne ſe
fleſtrit iamais, & en toutes ſaiſons retient ſon meſme luſtre, & pareille vertu, qui eſt ſi excellente qu'elle peut có-
ſumer, & chaſſer tout le fiel & l'amertume de noſtre corps: encores qu'elle
porte en la ſurface vne legere amertu-

me, neantmoins en sa racine elle cache & retient vne si grande douceur, qu'elle est suffisante de temperer & adoucir l'amertume exterieure. Mais entre les diuersitez d'aluyne, la France nous en produict, vn nommé *Santonicum*, recommáde par dessus les autres. Nous en ressentós auiourd'huy la vertu en vostre personne, MONSEIGNEVR, par les bons conseils & fidels seruices, que vous rendez continuellement au Roy, lequel recognoissát vos merites, pour la grandeur de vostre esprit, & la fidelité que vous portez à son seruice, vous a esleué à des grandes charges & dignitez, pour estre tousiours pres de sa Maiesté. Au rang que tenez, vous pouuez auec honneur, exercer la fonctió du Cóseiller d'Estat, qui étoit pres l'Empereur de Constantinople, pour luy nómer & preséter ceux, qui auoiét merité de la Republique. Vo⁹ pouuez

pareillement aduertir le Roy, qui ne
desire que la santé & conseruation de
ses subiets, de la necessité d'vn Iardin
Royal en l'Vniuersité de Paris, à l'e-
xemple de celuy, que HENRY LE
GRAND a faict dresser à Montpellier,
lequel si nous obtenons du Roy par
vostre faueur. vous obligerez toute la
France, qui se ressentira d'vn si grand
bié, que vous aurez procuré pour tous
ceux qui practiquent la Medecine sur
les Fráçois, de recognoistre & publier,
que vous ne cherchez & respirez en
toutes vos sainctes actions, que l'honneur du Roy, & le bien du public. En
quoy ie prie Dieu qu'il vous continuë
& augméte ses graces. Vous suppliát,
MONSEIGNEVR, de fauoriser mes inté-
tions, & la presomption que i'ay, de
me qualifier.

Vostre tres-humble, & tres-affectionné ser-
uiteur RIOLAN, *Medecin Professeur*
du Roy en l'Anatomie & Pharmacie.

Velqu'vn pourra trouuer eſtrãge qu'vn Medecin faiſant profeſſion d'enſeigner la Medecine, & la practiquer ſur les malades, qui ſont deux occupations fort ſerieuſes pour employer & empeſcher vn homme labourieux; s'eſt neantmoins adonné à examiner les diſcours fabuleux, que les anciens ont publié de la grandeur enorme des Geants. Celuy qui s'eſtonnera de mon entrepriſe, ceſſera ſon admiration; s'il conſidere l'alliance & grande affinité qui eſt entre les Muſes, leſquelles poſſedent le lot de leurs arts & ſciences en commun, & par indiuis, ſe tenãt toutes par la main, comme en forme de dance; meſmes anticipant librement ſur les marches les vnés des autres, à fin de mõſtrer à leurs ſectateurs, qu'elles ont entr'elles meſme pouuoir, ſans eſtre bornées & arreſtées en leur partage par vn Dieu Terminus, qui ne loge point ſur le mõt de Parnaſſe. A ce propos, Philon Iuif voulant monſtrer comme l'enciclopedie, qui eſt la cognoiſſance des lettres humaines, eſt grandement neceſſaire à celuy qui veut eſtre bon Theologien. Il accommode gentillement à ſon ſujet l'hiſtoire d'Abraham, qui ne peut auoir d'enfants de ſa femme Sara, que premierement il n'en euſt eu de ſa ſeruante Ægyptienne Agar, De mesme si vous desirez estre capable de faire fruict en la Theologie, il faut premierement traitter & conuerser auec la litterature seculiere des Muses, qui vous apprendrôt les moyés de paruenir & profiter en ceste diuine science. Ce que Philon Iuif rapporte elegamment sur la Theologie; Ie le puis à bon droict reduire & adapter à la Medecine. Car si nous croyons Cassiodore, *Nemo iustius assiduè discit, quam qui de humana salute tractauerit.* Et pour bien estudier Galien conseille au Medecin d'auoir des liures, & les lire soigneusement; Mesmes il loüe & approuue en vn Medecin, la curiosité d'achepter des liures, lesquels, comme dit Plutarque, il ne faut pas auoir pour parer & embellir vne estude, mais pour en faire son profit en les lisant. ὄργανον τῆς παιδείας, ὐ κτῆσις, ἀλλ᾽ ἡ χρῆσις των βιβλίων ἐστι. Galien estant à Rome paressoit entre les autres Medecins en doctrine, comme le Soleil par sa lumiere reluit par dessus les estoiles. Ses enuieux l'appelloient λογιάτρον, comme qui diroit vn Medecin plus sçauant en discours, qu'en practique & science Medicinale. Mais il leur fit parestre par ses belles cures & disputes publiques, qu'il estoit en discours & en practique sçauant Medecin. Pour ceste consideration à l'entrée de sa methode, il aduertit Hiero son bon amy, que ce qui l'a retardé d'escrire & mettre en lumiere sa Methode medicinale, est le mespris, qu'on faisoit de ceux qui s'adonnoient à l'estude, lesquels sont reputez pour insensez; c'est pourquoy mes amys, ce dit Galien, m'ont souuent reproché & repris que i'estois trop adôné à l'estude, qui ne seruiroit de rien pour

moy & pour mes amis. Mais delaissant cet exercice, que ie deuois le matin aller salüer les grands, &
le soir souper chez eux, que par ces moyens on est
aymé, on acquiert des amis, & qu'on est estimé bon
Medecin, non pas par l'estude serieuse de la medecine. Ce que plusieurs practiquent auiourd'huy au
grand detriment de la Medecine, & au dommage
dès pauures malades, fódez sur l'exemple du peintre Protogenes, lequel pour estre trop curieux &
laborieux en ses peintures, demeuroit tousiours
pauure. *Summa eius paupertas initio artisque summa in-* Plin.
tentio, ideò minor fertilitas. Mais le sage conseil du
Philosophe Epictete nous doit consoler, & donner courage à bien faire, *Si sapientiæ studium affectas,
para te confestim vt irridearis ab indocta multitudine,
quod si perseueras, qui te prius deridebant, postmodum
admirabuntur.* Or l'estude du Medecin bien qu'il
doiue estre fondé principalement sur la science, de
laquelle il fait profession & exercice. Neantmoins
pour estre sçauant Medecin, & de tout point ac-
comply, il deuroit auoir succé le doux miel des lettres humaines, pour les reduire à la Medecine. Ie
n'approuue point l'estude serieuse du Medecin en
d'autres sciences, si elles ne seruent à la Medecine,
ny le Medecin n'a point d'honneur, s'il veut parestre plus sçauant en vne autre science qu'en la
sienne, comme faisoit Periander, qui aimoit mieux
estre estimé bon Poëte, que bon Medecin, dequoy
il fut repris & blasmé par Archidamus ὅτι ἀντὶ χαρίεν-
τος ἰατρου, κακὸς ποιητὴς καλεῖσθαι ἐπιθυμεῖς Ie trouue bon
auec Lucian, que les Medecins s'employent à la lecture de l'histoire. Mais ie ne suis pas d'accord auec

luy, qu'à eux appartient d'escrire les histoires, encores que la plus grande partie des antiquitez, soit
descrite, & vn grand nombre d'histoires ait esté
publié par des Medecins. Partant ie dirai pour ma
defense en ce traicté, que i'ay puisé des histoires
tant sacrées que prophanes, & enrichy de passages
& authoritez, que la Philosophie & les lettres humaines m'ont fourny, & le tout que i'ay rapporté
à la Medecine, qui peut & doit iuger de la grandeur
des hommes, ce que Ciceron disoit de soy-mesme,
craignant qu'on luy reprochast l'estude de la poë-
sie, comme indecente à sa profession d'Orateur,
Quis tandem me reprehendat, aut quis mihi iure succen-
seat, si quantum cæteris ad suas res obeundas, quantum ad
festos dies ludorum celebrandos, quantum ad alias volupta-
tes, & ad ipsam requiem animi & corporis conceditur
temporis, quantum alij tribuunt intempestiuis conuiuijs,
quantum denique aleæ, quantum pilæ, tantum mihi ego-
met ad hæc studia recolenda sumpsere.

TABLE DES CHAPITRES.

GIGANTOLOGIE

LE SVBIECT DV PRESENT Discours.

CHAP. I.

Inuention & l'industrie du peintre Tymanthe est admirable, lequel voulant representer en vn petit tableau la grãdeur d'vn Cyclope, peignit aupres de luy des Satyres qui mesuroient son poulce auec vne gaule, pour signifier par la longueur du poulce, la grandeur enorme du Cyclope.

Mon intention en ce discours est bien esloignee de celle du peintre Timanthe, Car ie desire comparer la grãdeur des Geants auec la nostre, la mesurant non pas auec l'aulne, mais par les doigts & le poulce de nostre main, pour la reduire au petit pied, & faire entendre & cognoistre de cõbien les Geãts ont esté de toute anciéneté plus hauts & puissants que les hõmes de ce téps.

Nec canibus catulos similes, nec matribus hædos
Noui, sed paruis componere magna solebam.

A

On dit qu'il y eut autrefois vn voleur deter-
miné, qui demeuroit pres Coracyse ville de Pã-
philie, lequel coupoit les pieds à tous ceux qu'il
rencontroit plus grands que luy. Ie n'ay point le
cœur felon ny l'esprit d'vn brigand, ains pluftoft
attendry & ramolly par la douceur des lettres:
mais facilement ie retrencheray de la grandeur
exceffiue des Geants, fans leur faire tort, & fans
vfer d'aucune violence, ce qu'on leur a attribué
fauffement, & les rangeray & racourciray fur la
mefure des grands hommes de ce temps.

SI NOSTRE PREMIER PERE
*Adam a efté Geant, & en quel temps
les Geants ont paru.*

CHAP. 2.

QVelques-vns ont creu noftre premier pere Adam auoir efté creé &
formé d'vne grandeur exceffiue, ce
qu'ils pretendent prouuer par vn
texte de Iofué chap. 14. où il eft dit
*nomen Hebron ante vocabatur, Cariath Arba, Adam
maximus ibi inter Enachim fitus eft.* Or le mot d'E-
nachim fignifie Geant, comme il eft declaré aux
Nombres chap. 13. *Ibi vidimus monftra quædam
filiorum Enach de genere Giganteo, quibus comparati
quafi locuftæ videbamur.* Deux grands perfonnages
Caietan , & Tolét interpretent autrement ce

paſſage, & diſent que le mot Adam premier pere de la race humaine, ſignifie vn homme, tellement que Hebron a eſté autrefois dict *Cariath
Arba* la cité d'Arbas: d'autant qu'Arbas à eſté
auec le fils d'Enach enterré en cet endroict, lequel eſtoit vn grand perſonnage en vertu & di-
gnité. Methodius Martyr eſcrit qu'Adam en-
gendra Seth Geant, qui luy reſſembloit en grādeur : De la les Talmudiſtes ont creu que le
corps d'Adam eſtoit ſi grand, qu'il touchoit de
ſa teſte les nues, dequoy s'eſtans plaincts les An-
ges, Dieu appuyant ſa main ſur la teſte d'Adam,
racourcit ſon corps, & le reduiſit à mille coudees.

Il n'y a pas d'apparence que noſtre Dieu qui
crea Adam parfaict d'eſprit & de corps, comme
il eſt eſcrit en l'Eccleſiaſte chap. 7. luy ait donné
le corps d'vn Geant, lequel eſt comparé aux
monſtres chap. 13. des Nombres. D'auantage ſi
Adam euſt eſté Geant, la grandeur dès Geants
n'euſt eſté remarquée comme choſe extraordinaire aux deſcendants d'Adam, *& erant Gigantes
ſuper terram.* Partant il eſt vray ſemblable que
Dieu crea Adam de la grandeur d'vn homme
parfaict, telle que noſtre Seigneur auoit, quand
il ſouffrit la paſſion, comme tiennent quelques
Saincts Peres.

D'auantage il eſt eſcrit en la Geneſe chap. 6.
que les Geánts ne ſont venus au monde que de la
ráce de Seth, qui eſt pres de mil ans apres la creation du monde, encores qu'il ſoit eſcrit chap 3.
de Baruch, *Gigantes ab initio extitiſſe;* Mais ce mot

ab initio signifie dés long temps, non pas dés le commencement du monde, comme l'ont interpreté des grands personnages Theologiens par infinis paslages de l'Escriture saincte.

LES GEANTS DV PREMIER
Age qui sont escrits au vieil Testament.

CHAP. 3.

Our prevuer qu'il y a eu des Geants de grandeur excessiue, l'authorité de l'Escriture Saincte a beaucoup de force.

Nous voyons que de la race de Seth sont venus les Geants. Apres le deluge du temps d'Abraham parut de la race maudite de Cain ce grand Nimbrot, lequel trauailla à baltir ceste grande & admirable tour de Babel: Apres luy est venu vn grãd nombre de Geants, lesquels Chodorlaomor Roy d'Elam, & trois autres Roys qui estoient auec luy chasserent: d'iceux Geãts il y eut cinq Roys tuez sur la place.

Il est escrit chap. 3. des Nombres. *Ibi fuerunt Gigantes nominati illi, qui ab initio fuerunt statura magna, scientes bellum.* Les espiõs que les Hebrieux enuoyerent pour descouurir la terre de Chanaam, rapporterent qu'ils auoient trouué des Geants de la race d'Enach, ausquels estans comparez, ils ne ressembloient que des Sauterelles. Il est parlé au Deuteronome chap. 2. qu'vn peuple haut & puissant comme Enachim, a habité au-

-trefois en la terre Moab & Ammonim, terre des
Geants, lesquels estans chassez & tous exterminez, Dieu donna aux enfans de Loth ces terres
là desertes pour y demeurer. Le peuple d'Emo-
rais estoit d'vne telle hauteur, que le Prophete
Amos les compare à la hauteur des Cedres. Og
Roy de Basan auoit vn lict de fer long de neuf
coudees, & large de quatre coudees, selon la mesure du coude d'vn homme parfaict *iuxta cubitū
virilem.* Le superbe Goliath qui fut deffaict par
Dauid, estoit haut de six coudees & vne palme.
Iosephe ne luy donne que six pieds moins vn
quart de hauteur: mais il y à faute au texte, d'autant que ceste hauteur n'est point extraordinaire.

Ledit Goliat auoit vn corselet de fer pesant
cinq mil sicles, il estoit chaussé de botines de
fer, & auoit vn plastron de fer entre ses deux espaules, le fer de sa lance pesoit six cens sicles.

Ieijsbebon portoit vne hallebarde qui pesoit
trois cens sicles de fer; Au combat qui fut donné en la terre de Gath, il se trouua vn Geant qui
estoit haut de six coudees, ayant six doigts en
chaque main, & en chaque pied qui faisoiēt vint-
quatre doigts en son corps, Saül le plus beau des
enfans d'Israël, estoit plus haut que tous les autres depuis l'espaule. Vn Ægyptien estoit haut
de six coudees, qui fut deffaict & tué par vn des
soldats de Dauid nommé Banaia l. 1. Paralip. cap.
11. Les peuples de Raphain, & Pheresim estoiēt
puissants, & n'auoient que des chariots de fer
comme les Chananeens: les Sabeens paroissoiēt

d'vne hauteur gigantine, mais quelques vns interpretent ceſte grandeur des richeſſes qu'ils
poſſedoient, *labor Ægypti & negotiatio Æthiopiæ &
Sabaim, viri ſublimes ad te tranſibunt &c. Iſaiæ cap.*
45. Arba eſtoit vn des plus grands de ſon temps.
Goliat le frere de celuy qui fut tué par Dauid
eſtoit eſtimé Geant, On peut rapporter entre les
Geants, Samſon à cauſe de ſa grand force. Ioſe-
phe liure 7. des antiquitéz Iudaiques raconte
des Hebronites vaincus autrefois par les Iſ-
raëlites, qu'il ſe trouue encore parmy eux certains hommes hauts & puiſſants de la race des
Geants, deſquels on monſtre les os qu'on ne
croiroit iamais eſtre des os humains, ſi on ne les
auoit veuz.

LES GEANTS DV SECOND ET
*troiſieſme Age, rapportez par les hi-
ſtoriens prophanes.*

CHAP. 4.

Pres les Geants que l'Eſcriture Saincte nous produit, voyõs s'il s'en trouue depuis ce temps la de pareille hauteur, ou plus grande. Ie ne fay point
eſtat des Geants que les poëtes ont deſcrits cõme Othus, Ephialtes, Aloeus, Gygés, Iphimedie,
Polypheme, Brõtes, Sterope, Pyragmon, *Æthnei
fratres cælo capita alta ferentes* Ægeon, Briareus, En-

celadus, Athlas, Oromedon, Antæus, Titius, Ia-
petus, Typhœus, Cæus, Turnus, Pallas, Diomedes, Titides, encore que l'on puisse rendre raison
de ces fictions poetiques, & que Philon Iuif rapporte la Gigantomachie à l'edification & destruction de la tour de Babel.

Ie me seruiray seulemēt des histoires que l'on
tient pour veritables. Pline escrit que le corps
d'Orion fut trouué long de 46. coudees, Solinus ne dit que 23. Pausanias rapporte qu'vn certain Empereur des Romains voulant trauerser
le fleuue Orontes pour aller en Antiochie trouua moyen de le destourner. Or le vieil lict du
fleuue estāt desseiché, on trouua vn vaisseau lóg
d'vnze coudees, & dedans, vn corps qui n'estoit
moins grand que la mesure ordinaire des hommes Indiens qui sont fort grands. Sesostris huictiesme Roy de la seconde Dynastie des Ægyptiens auoit cinq coudees de hauteur, & trois
de largeur. Le secoud Sesostris neufiesme Roy
de la quatriesme Dynastie auoit cinq coudees
de hauteur & trois palmes. Hercules estoit haut
de quatre coudees & vn pied au rapport d'He-
raclides Ponticus, les Scythes móstrent encores
la marque du pied d'Hercules emprainčte sur
vne pierre, laquelle est de deux coudees *bicubitali
magnitudine*, selon Herodote: le corps du Geant
Antæus fut trouué par Sertorius en la ville de
Tynges, long de soixante coudees, Philostrate
en ses heroiques asseure que les premiers hommes qu'il appelle Heroas, ont esté Geants, & en
rapporte vn bon nombre. Le Geant Artachores

que menoſt auec luy Xerxes en la guerre còntre les Grecs, eſtoit vn des plus grands entre les Perſans, & ne s'en falloit que quatre doigts qu'il n'euſt cinq coudees de Roy. Le corps d'Oreſtes auoit ſept coudees de hauteur , ce qu'Agellius reprend comme fabuleux & impoſſible. Le Roy Porus qui fut pris par Alexandre, auoit de hauteur quatre coudees & vne palme, eſtant monté ſur vn elephant ſes iambes pendantes, il paroiſſoit comme vn autre, qui euſt eſté monté ſur vn cheual. Diodore Scicilien luy donne cinq coudees de hauteur, *et pectus in latum duplo eius* , ce qui eſt faux & impoſſible. Le meſme Diodore dict qu'au delà l'Ethiopie vers le midy , l'on à deſcouuert dans l'Ocean, des iſles, ou les habitans ſont plus hauts que les autres de quatre coudees. Les Syrbotes peuples d'Ethiopie ſont hauts de huict coudees au rapport de Pline. Gãges Roy d'Æthiopie qui fut occis par Alexandre eſtoit haut de dix coudees. Athenée fait mentiõ d'vn Baſternas qui auoit cinq coudees de hauteur Tite liue fait métion d'vn grand Geant Gaulois, qui fut deffaict par le ieune Manlius.

LES GEANTS DV QVATRIESME
Age iuſques à noſtre temps.

CHAP. 5.

Oſephe liure 18. raconte que le Roy des Parthes Artabanus enuoya ſon fils Darius à Tybere pour oſtage auec vn Iuif nommé Eleazar, qui eſtoit haut de cinq coudees.du temps de Claude Cæſar fut amené d'Arabie par merueille à Rome vn Geant nommé Gabbara qui eſtoit haut de neuf pieds & autant d'onces. Auparauant luy Secondilla & Puſio deſquels on gardoit les os au iardin de Saluſte, n'auoient eu qu'vn demy pied d'auantage. Næuius Pollio eſtoit d'vne grandeur ſi eſträge, qu'il cuida eſtre tué par la foule & preſſe du peuple qui le venoit voir par admiration. Le Geant Agatho Athenien du téps de l'Empereur Adrian n'auoit que huit pieds. Nicephore raconte que du temps de Theodoſe l'Empereur il y auoit en Syrie vn homme haut de cinq coudees & vne palme, qui auoit les pieds tournez en dedans qui ne reſpondoiët aucunement à la grädeur du reſte du corps, & qui plus eſt aſſeure auoir veu de ſon temps vn homme de pareille ſtature. Maximinus Empereur eſtoit haut de huiĉ pieds, Proereſius n'auoit que la hauteur de neuf pieds, & neantmoins eſtoit eſtimé le plus grand de ſon temps, *tantæ proceritatis vt Coloſſus videretur*, ce dit Eunapius en ſa vie. Nicetas rapporte qu'Andronicus Comenus eſtoit haut de dix pieds. Saxon le Grammairien dit qu'au Royaume Helzinge qui ſont ſubieĉts du roy de Suede, s'eſt veu vn Geant nommé Harbatenus, lög de neuf coudees, lequel auoit auec luy douze Athletes ſes compagnons, hauts de quatre coudees & demy. L'hiſtoire en eſt plaiſante: car ces douze Athletes ne ſeruoient que pour le tenir en ſa rage & fureur, combatant auec Aldamur, d'vn coup il trancha la teſte à ſix de ſes ſoldats: il eſtoit telle-

ment furieux & enragé qu'il arrachoit auec les
dents le fer des boucliers & les aualloit, en fin
tout grand qu'il estoit Aldanus l'atterra d'vn
d'vn coup de marteau, & luy feit perdre la vie.
Aymon en l'histoire de France recite, qu'il fut
presenté à Guntran Roy de France vn homme
qui surpassoit les autres de son temps de trois
pieds. Sous le regne d'Eugene second Roy d'Es-
cosse viuoit Funnam Geāt haut de sept coudees.
On fait des comptes à plaisir de la grandeur &
force de Roland nepueu de Charles le grand à
cause de sa sœur. On rapporte entre les Geants la
grandeur de Charlemagne qui estoit de huict à
neuf pieds. Les Annales de France font mentiō
d'vn Geant nommé Ferragut qui fut tué par Roland. Ce Geant auoit douze coudees de lōgueur,
sa face auoit vn pied & demy, son nez dix pouces
de longueur, ses cuisses quatre coudees. On dit
qu'aux Faux-bours S. Germain Després proche
la chappelle de sainct Pere, se voyoit il y a quelques annees, vne tombe longue de vingt pieds
qui estoit la mesure & longueur du Geant Iso-
ret tué par S. Guillaume. Le grand Geant qu'a-
uoit amené auec luy Charles Quint à Bolongne,
quant il y vint pour estre couronné Empereur
par le Pape, n'auoit de hauteur que quatre bras-
sees des nostres. Scaliger dit auoir veu dās l'hos-
pital de Milan vn Geant qui estoit couché en
deux licts mis bout à bout, à cause de sa grādeur,
ne se pouuant tenir long-temps droict esleué sur
ses pieds. Il s'est veu encores à Milan vn homme
natif de Pisaure, lequel estoit plus grand que les

autres presque la moitié du corps , & comparé
aux plus grands hommes les surpassoit depuis
les espaules: du temps du Pape Iule troisiesme
viuoit en Calabre vn homme de telle grandeur,
que le Pape desirant le voir il fallut le mettre dãs
vn charriot ses iambes pendantes pour sa grandeur, estant dãs Rome, il surpassoit tous les plus
grands hommes de depuis la moitié de la poictrine. Platerus raconte auoir veu l'an 1613. vn
ieune hõme natif de Luneburg que l'on menoit
par l'Allemagne, il estoit haut de huit pieds , &
auoit la main longue d'vn pied & vn tiers. Il dict
auoir veu encores vn homme de pareille grandeur & deux autres de sept pieds. Ce ieune
homme de Gueldres duquel Schenchius represente la figure en son liure des monstres, n'auoit
plus haut de huict pieds. Antonius Pigafeta asseure auoir veu aux Cannibales d'Armenie, vn
Geãt qui estoit plus haut de la moitié que nous
autres. Americus Vespusius racõte qu'au Perou
pres le destroict de Magellan il descouurit vne
terre qu'il appelle des Geants où les hommes &
les femmes estoient de beaucoup plus grands
que nous autres, mais il ne specifie point la grãdeur: Vn pere Iesuite nommé Melchior Nugnes
en ses Epistres de la Chine, raconte qu'en la ville
Royalle de Pequin, les hommes qui gardent les
portes sont hauts de quinze pieds , & en l'Epi-
stre escrite en l'an 1555. dit que le Roy de la Chine entretient cinq cens de telles personnes pour
sa garde ordinaire. Ce que recite Scaliger des Sa-
mogites est admirable, ils sont de grandeur ex-

cessiue, mais par interualle engédrent des enfans
grands, puis de moyéne grandeur, côme si la nature humaine se vouloit reposer, de mesme que
certains arbres qui ne portent que de trois en
trois ans. Les Annales de Hollande font métion
d'vn Geant nommé Nicolas Kiethen, natif d'vn
village proche Harlem , ses pere & mere estans
de commune grandeur, lequel faisoit passer par
dessous son aisselle, le plus grand homme de son
temps. Mais les forces ne respondoient pas à sa
grandeur.   Au mesme pays d'Hollande, il s'est
veu vn Geant nommé Iean huictiesme , lequel
estoit en grandeur de corps, & en ses forces admirable, il portoit vn Cheual & l'arrestoit tout
court contre vne muraille. Hector Boethus autheur suspect en ses narrations , raconte d'vn
Geant nommé par gausserie Iean Petit , qu'il
estoit haut de quatorze pieds. Si vous desirez encore d'autres histoires prodigieuses, lisez Olaus
Magnus liure 5. de son histoire septentrionale.

S'IL Y A EV DES FEMMES
Geants.

CHAP. 6.

E ne trouue point dans le vieil Testa-
mét qu'il soit parlé des femmes Geâts
comme des hômes. Neâmoins dans
les histoires prophanes nous en auôs

des exemples. Vne belle femme Athenienne nõ-
mee Phya estoit haute de quatre coudées, moins
trois doigts, si nous croyons Herodote. Vn peu
deuant la destruction des Gots, il s'est veu à Rome vne femme de la grandeur d'vn Geant: ce qui
estoit admirable en elle, c'est que ses pere & mere n'estoient plus grands que l'ordinaire : Sim-
plicius en ses commentaires sur les Categories
d'Aristote, escrit que de son temps viuoit vne
femme de nation Cilissienne, haute de six coudees. Zonaras en fait mention en la vie de Iustin
l'Empereur disant , qu'elle auoit vn coude par
dessus les plus grands hommes de son temps.
Martial fait mention d'vne femme Claudia, qui
estoit extremement haute, comme on peut remarquer par son Epigramme.

Summa Palatini poteras æquare Colossi;
  Si fieres breuior, Claudia sesquipede.

Goropius dit auoir veu à Anuers vne femme
haute de dix pieds , Iean Vuier en ses obseruations Medicinales asseure auoir veu vne
fille agee de 25. ans , qui estoit extremement haute, & se faisoit voir par toute la Flandre & l'Allemagne par admiration. Ceste fille
auoit l'esprit stupide, & le corps lourd & pesant,
qui estoit venue de parents fort petits, & n'ayãt
esté plus grands que l'ordinaire des enfans ius-
que à douze ans, qu'elle eust la fieure quarte , &
depuis ce temps, la fieure l'ayant quittee elle cõ-
mença de croistre, n'ayant pas encore ses purga-
tions à 25. ans, lors que Vuier la veit, Isidorus liure 11. de ses Ethimologies chap. 3. recite qu'aux

regions Occidentales s'eſt trouué vne fille que
les flots de la mer auoient pouſſee au riuage,
icelle eſtoit morte bleſſee à la teſte, auoit cinquante coudees de longueur, quatre coudees de largeur entre ſes deux eſpaules, ceſte
dimenſion mal proportionnée, fait croire que
l'hiſtoire eſt fabuleuſe. Americus Veſpuſius
veid pres le deſtroict de Magellan, des femmes
fort grandes, mais moindres en hauteur que les
hommes. Les Annalles de Hollande rapportent
que Guillaume le Bon Comte du pays, ammena
aux nopces de Charles Bel Roy de France, vne
femme Geant de grandeur enorme, natifue de
Zelande, laquelle auoit la force de huict hommes.

DES OS DE GRANDEVR EX-
ceſſiue, qui preuuent qu'il y a eu des Geants.

CHAP. 7.

IL ſemble que Virgile ait predit
qu'il ſe deſcouutiroit de grands os,
qui teſmoigneroient à la poſterité
la grandeur des hommes des ſiecles
paſſez.

Scilicet & tempus veniet cum finibus illis
Agricola incuruo terram molitus aratro
Exeſa inueniet ſcabra rubigine pila,
Aut grauibus raſtris galeas pulſabit inanes,
Grandiaque effoſſis mirabitur oſſa ſepulchris.

Sans doute Virgile escriuoit cela du téps qu'on descouurit à Rome, ou bien qu'on apporta quã-tité de grands os, desquels Suetone dit qu'Augu-ste Cæsar auoit enuironné ses metairies, iceux os estans sortis de grãdes bestes, non pas des Geãts comme l'on pensoit. Phlegon Trallianus racon-te plusieurs histoires des os de grandeur excessi-ue qu'on à trouué dans des cauernes & dedans la terre. En Dalmatie dans la cauerne de Diane on trouua deux corps, dont les costes auoient seize aulnes de longueur. En vn lieu d'Egypte nómé Litra se voyoiét des os des Geants. les Atheniens voulãs ceindre de muraille vne petite isle proche de leur ville, iettans les fondemés, descouurirét vn sepulchre long de cent coudees, & vn cada-uer consommé iusques aux os, auec ceste inscri-ption.

Sepultus ego Macroseiris in longa insula.
Vitæ peractis annis mille quinquies.

Les Atheniens fouillant & creusant vn lieu pres de leur ville, trouuerent deux scelets enfer-mez dans leurs cercüeils, dont l'vn auoit de lon-gueur 24. coudees, l'autre 23. Les Messeniens récontrerét au bord de la mer vn muid petreux dans lequel estoit enfermee vne teste qui auoit trois rangees de dents. Le sepulchre d'Aiax Te-lamonius qui est celuy qui combattit à la guer-re de Troye estant ouuert, on trouua ses os d'vne grandeur excessiue, & la rotule du ge-nouil grande *instar disci quo quinterniones vtuntur* Beniamin Iuif en son voyage raconte qu'en Da-

mas il veit dans le Palais vne coſte d'vn homme
lõgue de neuf palmes, de la meſure d'Eſpagne, &
diſoit que ceſte coſte venoit d'vn des Roys d'E-
noch nómé Abchamas cõme l'inſcriptiõ du tó-
beau le declaroit. Sigiſbertus rapporte que l'an
171. au bord de lamer en Angleterre on apper-
ceut les os d'vn Geant , qui auoit de longueur
cinquante pieds. Hector Boethus eſcrit qu'au
temple Petté en la Comté de Morauie, ſont gardez les os d'vn nommé Petit Iean par deriſion,
duquel l'os de la hanche eſt auſſi gros que la
cuiſſe d'vn homme de ce temps : par lequel on
peut coghoiſtre que ledit homme eſtoit haut de
quatorze pieds. Il rapporte auſſi que l'an 1521.
en la terre de Croiudan de Buthouhamico, auoir
veu pluſieurs os des Geants, qu'on auoit tirez
des ſepulchres. Suidas recite que lors qu'on net-
toioit l'Egliſe de S. Mene à Conſtantinople, on
trouua vne grande foſſe remplie d'os de Geãts,
que l'Empereur Anaſtaſe voulut reſeruer pour
rareté. S. Auguſtin à veu au bord de la mer Vtique vne dent, qui eſtoit auſſi groſſe que cent des
noſtres. Viues en ſoncommentaire ſur ce lieu de
S. Auguſtin, dit qu'en la grande Egliſe de Valē-
ce en Eſpagne, il s'y voit vne dent de S. Chriſtophle, laquelle n'eſt moins groſſe que le poing.
Icelle eſt bien differéte des deux dents dudit S.
Chriſtophle qui ſe monſtrent à Veniſe & Ver-
ſelles: car elles ſont auſſi groſſes que la dent de S
Auguſtin. Heroldus en ſon liure de *prodigijs &*
oſtentis mundi, rapporte que l'an 413. deuant laue-
nue de noſtre Seigneur, proche Biſanze au riuage
de la

de la mer, feuſt trouué vne dent mafcheliere qui
egalloit en groſſeur & longueur cent des noſtres
que l'on tient eſtre d'vn Geant. Bocace raconte
qu'en Sicile guere loing de Drepano, fut trouué
le corps d'vn Geant de longueur incroyable, lequel comme on le voulut enleuer s'en alla en
pouſſiere, on pouuoit iuger à la veue qu'il eſtoit
long de deux cens coudees, ſa teſte groſſe comme vn muid, trois de ſes dents peſoient neuf liures, & ſont de preſent en l'Egliſe de l'Annon-
ciatiõ. Ils péſent que ce ſoit le corps de Polyphe
me. Le compte eſt auſſi plaiſant du corps de Pallas duquel la face eſtoit large de quatre pieds &
demy,   la playe à la poi<ctrine longue de quatre
pieds, lequel corps fut trouué du temps de l'Empereur Henry III. l'an de noſtre Seigneur 1057.
iceluy corps s'eſtant conſerué entier plus de
1500. ans auec vne lãterne, dãs laquelle il y auoit
vne lãpe ardête d'vn feu clair, qui s'eſteignit auſ
ſi toſt qu'il eut air, pour verifier que c'eſtoit le
corps de Pallas on trouua ceſte inſcriptiõ latine,

Filius Euandri, Pallas quem lancea turni

　Militis occidit, mole ſua iacet hic.

Symphorianus Campegius certifie qu'en
Valence au Monaſtere des freres mineurs, ſe
voyent des os de grandeur exceſſiue, par leſquels on peut iuger que celuy qui a porté
leſdits os, eſtoit haut de 40. coudees. A
Puteoles ville de Campanie on void des os
de grandeur eſmerueillable, auec ceſte inſcription qu'on dit eſtre de Pomponius Lætus.

Et quicunque venis ſtupefactus ad oſſa Gigantum.

B.

Disce cur Ethrusco sint tumulata solo:
Tempore quo domitis iam victor agebat Iberis
 Alcides, captum longa per arua pecus.
Colle Dicæarcho clauaque arcuque Thyphones.
 Expulit, & cessit noxia turba Deo.
Hydrontum petijt pars, & pars altera Thuscos,
 Interijt victus terror vterque loco.
Hinc bona posteritas immania corpora seruat,
 Et tales mundo testificatur auos.

Thomas Fazellus en son histoire de Sicile traictant des Geants qui ont esté trouuez en ceste
contree, raconte que l'an 1516. au territoire de
Mazarene, de massons ont trouué dans terre vn
corps long de vingt coudees, ayant la teste grof-
se côme vn muid, chaque dent pesant cinq onces qu'il a pardeuers luy, il a l'os du bras mon-
strueux pour sa longueur & largeur qui vient
d'vn Geant trouué proche le fleuue Hipparis.
Beaucoup ont les os des Geants trouuez en
Melle pres Panorme: l'an 1547. fut descouuert
vn corps lôg de dixhuict coudees, l'annee suiuã-
te vn autre fut trouué long de 20. coudees, l'an
1550. vn autre corps fut deterré long de 22. coudees, la teste ayant de circuit 20. pieds. Les peuples Orestides de Macedoine racontent que les
riuieres grossies par les grãdes pluyes se desbor-
dent, & courans par la campagne descouurent
des os semblables aux os humains , & voyent
que sont les os d'vne armee monstrueuse qui est
morte en ce pays. Les Espangols en Mexico
trouuerent des os fort grands , par lesquels on
pouuoit cognoistre que les hommes anciens de

ce pays estoient trois fois plus grands que ceux d'auiourd'huy. On a aussi trouué au Perou des dents grosses de trois doigts, larges de quatre. Iosephus à Costa recite le mesme, sçauoir est qu'en l'Amerique se trouuét des os par lesquels on peut iuger que les hommes qui ont porté tels os, estoient trois fois plus grands que nous ne sommes auiourd'huy. Guillandinus estant prisonnier en Affrique l'an 1559. veid en Iule Cæsaree le crane d'vn Geant extrememét grand, que deux Espagnols prisonniers labourans la terre auoient descouuert, le tour du crane contenoit vnze spithames. Benardus Abreidenbarch en son voyage de la terre saincte dit qu'en Iaphé se void la coste du Geant Andromede, qui est longue de 41. pied. En l'isle de Crete des Boscherons arrachans de grands arbres pour la charpenterie, apperceurent vne teste de la grosseur d'vn muid laquelle se mit en poudre comme ils la voulurent prendre, & ne leur resta que les dents d'vne grosseur & longueur extraordinaire. L'an 785. en Totu ville de Boheme, vn certain fouillant dans sa caue trouua vne grosse teste laquelle à grand peine deux hommes eussent ils peu embrasser, accompagnee presque de tout le reste des os, les iambes estoient longues de 26. pieds, lesquelles ont esté portees au chasteau de la ville, & par merueille y sont gardees. Columbus Anatomiste a veu au cabinet du Pape la teste d'vn Geant, laquelle est vne des plus grosses testes qu'il ait iamais veu. Ceste teste auoit la maxille inferieure aussi estroictemét

ioincte & vnie comme si elle n'eust iamais eu
mouuement, ce qui n'a peu estre de son viuant.
Scaliger escrit que de son temps en Corcire furent trouuez dãs la terre des os dõt le bras esga-
loit la longueur d'vne grande cuisse. Platerus dit
qu'a Lucerne se monstrent des os de grandeur
excessiue, qui ont esté trouuez dessous les racines d'vn vieil chesne, que les vents auoient ab-
batu & desraciné, lesquels ayant consideré & diligemment comparé auec les os humains, il à
recogneu que c'estoient des vrays os humains,
& que par la mesure d'iceux le corps auoit eu en
longueur 19. pieds. Icy faut rapporter les grands
os du Roy Theutobochus, que l'on dit auoir
esté grand de 25. pieds, on les a monstré par toute la France, & à Paris ont esté tenus pour vrays
os humains, ils ont couru toute l'Allemagne &
la Flandre, d'iceux nous parlerons cy apres, &
monstrerons la tromperie & fausseté de ces os.
Si vous desirez lire choses estrãges des os qu'õ a
trouuez proche Panorme, voyez le liure de Ma-
rianus Vualgantra des Antiquitez de Panorme.

LA GRANDEVR DES GEANTS
du premier Age descripts au vieil
Testament examinée.
CHAP. 8.

POur bien cognoistre au vray la grandeur des hommes du premier aage, il
faut premierement sçauoir de quelle
grandeur estoient leurs mesures.

Les anciens Hebrieux, comme toutes les au-

res nations du monde mesuroient par des lon-
gitudes prises sur les parties du corps humain,
lequel (côme disoit Pytagoras) est la mesure de
toutes choses. Ils auoient le Doigt, le Poulce, le
Palme, le Dodrans, le Coude : lesquelles mesures estoient prises sur les parties du corps humain , lequel selon que l'on peut recognoistre par leurs mesures n'estoit pas plus grád
que le corps des hommes de ce temps , ny les
mesures des Atheniens , ny celles des anciens
Romains ont esté plus grandes que les nostres,
d'autantque si nous comparons toutes les plus
grandes mesures des anciens peuples aux nostres; Nous trouuerons que les nostres sont aussi
grandes, ou peus'en faut.

Car les anciens Gaulois & Allemans ont esté
estimez plus hauts & puissants que les autres
peuples comme nous lisons dans Cæsar, Tacite,
Plutarque, Marcellin & Sidonius Apollinaris,
lesquels appellent les François & Bourguignós
septipedes. Ie sçay qu'Herodote fait les Æthio-
piens plus hauts que les autres, & que nostre Hipocrate a creu tout ce qui croissoit en Asie estre
plus grand qu'en l'Europe.   Mais il n'auoit pas
certaine cognoissance de ce quartier de l'Europe, qui est habité par les Allemans , Gaulois,&
peuple du Septentrion.

Le doigt entre les mesures est la plus petite
mesure, que l'on doit prendre sur le doigt indi-
cateur, apres le doigt suit le pouce, trois pouces
ou quatre doigts font vne palme ; neuf pouces
ou douze doigts vn Dodrant, douze pouces ou

bien seize doigts faisoient vn pied , le coude
estoit double à sçauoir viril autrement ciuil ; ou
bien sacré, autrement geometrique, le viril com-
prend cinq palmes , c'est à dire quinze pouces
ou bien vingt doigts; le sacré ou bien geometrique contenoit six palmes, c'est à dire dix-huict
pouces ou bien vingt quatre doigts.

Tellement que le lict de fer d'Og Roy de Basan qui auoit neuf coudees estoit long d'vnze
pieds quatre doigts, doncques ledit Geant Og
pouuoit estre grãd de neuf pieds, car pour auoir
vn si grand lict, il ne s'ensuit pas qu'il fust de ceste grandeur, laquelle n'est point specifiee. Partant si le lict auoit neuf coudees, il y a apparence
qu'il estoit de deux coudees plus long que ledit
Og Roy de Basan. D'autant que le lict estant
de fer, il est vray-semblable qu'il estoit garny de
matelats, trauersins, & autres choses semblables pour coucher & reposer aisement vn Roy,
lequel comme ie croy auoit vn lict de fer pour
monstrer sa force & puissance comme le peuple Raphain & Pharisim , pour monstrer qu'ils
estoient puissants, auoient des chariots de fer.
Neãtmoins Arias Mõtanus en son liure des mesures Iudaiques, dit que ce lict estoit vn cercueil
plus grand & long que le corps dudit Og , cõme
les R oys anciẽs en faisoiẽt faire de telle matiere.

Goliath estoit haut de six coudees & vn quart
qui font sept pieds douze doigs, son corselet
pesoit 5000. sicles, & le fer de sa lance pesoit
600. sicles, faut noter que le sicle estoit double,
l'vn qui pesoit quatre dragmes, l'autre deux

dragmes. Tellement qu'il faut entendre du dernier ficle, le poids du corſelet, & du fer de la lã-
ce de Goliath. Partant le corſelet ne peſoit que
104. liures deux onces, & le fer de ſa lance douze
liures & demie.

Le fer de la hallebarde de Ieiſbebon peſant
trois cens ficles, n'eſtoit que ſix liures huict onces de noſtre poids.

La grãdeur de ces Geãts eſt ſpecifiee pour declarer qu'ils excedoiẽt la hauteur ordinaire des
hõmes de ce tẽps qui n'eſtoit que de ſix pieds.

La force de Samſon eſtoit admirable, mais ce
qu'il faiſoit eſtoit par l'aſſiſtance de Dieu qui
s'en vouloit ſeruir en ceſte façon, car quand
il deſchira le lion comme vn cheureuil, ce
fut par le ſecours que Dieu luy preſta, *&*
Spiritus Domini proſperè egit in eo, vt diſcerperet ſicut
ſolet diſcerpi hœdus, nec quidquam habebat in manu
ſua. Quand il emporta ſur ſes eſpaules les pilliers
qui ſupportoiẽt la voute de la maiſon où eſtoiẽt
cõuoquez, tous les principaux de la Paleſtine &
3000. hommes aſſemblez ſur le toict, qui furent
tous tuez & écraſez par la cheute & deſtruction
du baſtimẽt. Samſon s'eſcria à Deu, *Domine Deus*
memento mei, quæſo corrobora me. Nous liſons dans
Pauſanias li. 1. des Æliaques que Polydamas aux
jeux olympiques cõbatit vn lyon ſeul à ſeul, ſãs
armes ſeulemẽt auec ſes poings: qu'vn Cleomedes Aſtipaleus entrãt dãs vne eſcole, ou il y auoit
grãd nõbre d'eſcoliers aſſemblez, réuerſa le pil-
lier qui ſuportoit le deuãt pour eſtouffer tous les
enfans, & Cleomedes ſe ſauua ſans eſtre offenſé.

I'adiouſte que ſi nos premiers peres euſſent
eſté tous Geants, ils n'euſſent pas eu l'eſprit & le
iugement d'inuenter tant d'arts & ſciéces, qu'ils
nous ont laiſſé, d'autant que Dieu comme parle
le Prophete Baruch a creé les Geants pour nous
apprendre, que l'homme ſage ne doit point faire
cas de la grandeur du corps. *Non hos elegit Domi-*
nus nec viam ſciétia dedit illis, ſed interierut quia non
habuerunt ſapientiam, perierunt propter inconſideran-
tiam. Euripide pour depeindre vn homme ſot &
ignorant, il l'appelle homme d'vnze pieds: dans
Theocrite *in Syracuſanis*, Praxinoa dit que ſon
mary eſt hôme de treze coudees, ἀνὴρ τειοκαδεκα-
δκάπηχυς, voulant par ceſte grâdeur ſignifier qu'il
eſtoit tellemét idiot, que l'enuoyant au marché,
pour du nitre il apportoit du ſel, Aphrodiſee
ſect.1. de ſes probl. article 25. demâde pour quoy
les petits hommes d'ordinaire ſont plus ſages
que les grands & puiſſans hommes, n'eſtce point
que les eſprits ſont ramaſſez & vnis en vn petit
corps, & en grand ſont eſpars & des-vnis, c'eſt
pour ceſte conſideration qu'Homere nous repreſente Vlyſſes prudent & petit de corpulence,
au contraire Aiax d'vne grâde ſtature, mais fort
lourd d'eſprit, & inſenſé : De ce que Virgile
eſcrit Ænee petit de corps, mais grand d'eſprit,
Maior in exiguo regnabat corpore virtus: dans Homere Vlyſſes reſpôd ſagemét à Eurilaus, qui ſe fioit
à la grandeur de ſon corps, vous auez vn grand
corps, mais il a beſoin de ſageſſe pour le côduire.
Vtilior Tydeus qui ſi quid credis Homero,
Ingenio pugnax, corpore parum erat.

LA GRANDEVR DES AVTRES
Geants examinée.

CHAP. 9.

S I les plus grands hommes du premier aage n'auoient que neuf à dix
pieds, il n'eſt pas croyable que ceux
qui ſont venus apres ayent eſté plus
grands, s'il eſt vray que la grandeur & force des
hommes ſe diminuë petit à petit inſenſiblemēt.
Ioint que les meſures Attiques & Romaines
n'ont pas eſté ſi grandes que les meſures des anciens Hebrieux & Egyptiens, comme le demonſtre fort doctement le ſieur Capele en
ſon Hiſtoire ſacrée, d'où i'ay extraict ceſte Table marquée * qu'il faut icy rapporter.

C'eſt pourquoy Solinus auec iuſte raiſon meſme laiſſe par eſcrit chap. 5. que pluſieurs tiennent perſonne ne pouuoir outrepaſſer la hauteur de 7. pieds, d'autant qu'Hercules n'a pas
eſté plus grand. On a recogneu la grandeur
d'Hercules à la meſure du ſtade Olympique qui
contenoit 600. pieds d'Hercules, lequel ſtade
par apres a eſté meſuré par les pieds de Lygdamus en l'Olympiade 33. Or Pythagoras meſu-
rant auec ſes pieds les autres ſtades de la Grece
qui eſtoient de 600. pieds, comparant ces deux
longueurs, recogneut qu'Hercules eſtoit plus
grand que les hômes de ſon temps, & luy a-ox

donné six pieds. S'il est ainsi qu'Hercules &
Lygdamus fussent des grands hommes de leur
temps, lesquels neantmoins n'auoient que six
pieds Attique, il est vray-semblable que la hauteur ordinaire des Grecs n'estoit que de 5.pieds.

Le Geant Anteus ne pouuoit estre long de
60.coudées, puis qu'il a esté deffait par Hercule,
lequel n'auoit que six pieds de haulteur. Car il
est escrit qu'Hercule eut beaucoup de peine à le
mettre à mort, aussi tost qu'il estoit renuersé
touchant la terre reprenoit nouuelle force, &
iamais ledit Hercule n'en fust venu à bout s'il ne
l'eust enleué en l'air pour l'estrangler. Or quelle
proportion y a-il d'vn homme de 60.coudées à
vn homme de six pieds. Plutarque raconte par
oüy dire l'histoire du Geant Anteus deterré en la
ville de Tingis par le cõmandemẽt de Sertorius,
& adiouste que ce qu'il en a escrit est en faueur
du gentil escriuain Iuba Roy de Mauritanie qui
se vantoit venir d'Hercules quand il vint en ce
pays defaire le Geant Antheus. Strabon liure 17.
reprend Gbinius l'Historien qui a escrit que les
ossemens d'Antheus auoient esté trouuez longs
de 60. coudées, il appelle cela vne fable prodi-
gieuse.
Eusebe en sa Chronologie dit qu'Anteus estoit
vn maistre d'Escrime qui auoit acquis beaucoup de credit & reputation, tellemẽt que pour
sa valeur & grande force, les Poëtes ont feint
qu'il estoit vn Geant.

Les ossements tirez d'vn puits furent attribuez par vn Forgeron à Orestes par coniecture

seulemét. Herodote par admiration escrit ceste longueur, doutant si les hommes ont esté autrefois plus grands que ceux de son temps.

Lycophron dit qu'Achilles auoit neuf coudées de haulteur : neantmoins Patroclus se seruit de ses armes, du quel la grandeur n'est point specifiée dans Homere, non plus que celle d'Achilles. C'est vn conte faict à plaisir dans Philostrate, qu'Apollonius Thyaneus suscita l'ombre dudit Achilles qui apparut premierement de la haulteur de sept coudées, puis se rehaussa iusques à 12. Ioint que les phantosmes paroissent tousiours plus grands que la chose mesme.

Le Martyrologe Romain commenté par Baronius au 25. de Iuillet, parlant de S. Christofle, ne faict point mention de sa grandeur. Baronius au Commentaire doute de la grandeur de sainct Christofle, & confesse qu'il n'en peut rien asseurer, toutefois il rapporte d'vn Hymne fort ancien ces trois vers, qui representent la grandeur de sainct Christofle.

Elegansque statura, mente elegantior
Visu fulgens, corde vibrans, & capillis rutilans
Ore Christū, corde Christū, Christophorus insonat.
Et in capitulo il est dit de luy, *De minimo grandis, vt ex milite dux fieret fidelium populorum.* Tout ce que l'on dit de S. Christofle touchāt son baston, le fleuue qu'il passa, sa grande stature. Hieronymus Vida l'interpreté par vn sens allegorique, & dit que l'Image de S. Christofle est le symbole d'vn bon Chrestien qui doit porter Iesus

Ghrift en fon cœur. Car S. Chriftofle n'eftoit
pas du temps de noftre Seigneur, il viuoit en
Lycie du temps de l'Empereur Decius,& là en-
dura le martyre. Neantmoins Torquemade
Efpagnol en fon premier difcours des fleurs cu-
rieufes,traictant desGeants,il rapporte de fainct
Chriftofle qu'il s'en veoit de luy en Efpagné
vne groffe dent en l'Eglife de Couo,& vne partie de fa mafchoire en l'Eglife d'Aftorgue, que
l'on tient pour vne pretieufe relique,qu'il a veu
plufieurs fois. Et par ce que la dent eft auffi
groffe que le poing d'vn puiffant homme, pro-
portionnant tout le corps à icelle, ou à la partie
de la mafchoire, il fera auffi grand qu'vne haute
tour.De S.Chrifto. lifez Serrarius en fes Letan.

Ledit Torquemade pourfuiuant fon difcours
des Geants, rapporte qu'au Monaftere de Ro-
mefual,l'on veoit quelques os que l'on dit eftre
de ceux qui moururét en la bataille que Charlemagne perdit alencontre duRoy Dom Alfonce
de Leon, en laquelle pour la grande force &
vertu de Bernard de Carpion, furent tuez plufieurs des douze Pairs de France. Les os font fi
grands qu'ils furpaffent trois fois la grandeur
des noftres.

Les contes que l'on faict des Geants qui furent
du temps de Charlemagne font fort plaifans,
entr'autres d'vn Suiffe qui combatit contre les
Venitiens, Bohemiens pour Charlemagne, il
moifsónoit & abattoit tous ces peuples comme
on faict le foin, & par plaifir en attachoit fept
ou huict à fa hallebarde, comme l'on faict des

oyfeaux quand on reuient de la chaffe, ne faifant
non plus d'eftat d'vn homme que d'vne gre-
noüille.

Le Roy François premier defirant fçauoir au
vray la grandeur de Roland le furieux, qu'on
difoit eftre Geant, feit ouurir fon fepulchre,
dans lequel on trouua les os pourris & reduits
en poudre, reftant feulement fon cafque & cor-
felet tous roüillez, lefquels le Roy s'eftant faict
mettre fur foy, recogneut qu'il n'eftoit gueres
plus grand que fa perfonne.

On faict eftat de la grandeur de Charlemagne,
lequel auoit de haulteur, au recit de quelques
Hiftoriens, huict pieds des fiens, mais Marquar-
dus Freherus en vn petit traicté qu'il a faict
de ftatura Caroli Magni preuue pertinemment
qu'il n'auoit que fept pieds des hommes de fon
temps: car Eginhard qui eftoit du mefme temps
fon penfionnaire & Secretaire de fa maifon, en
la vie dudit Charlemagne efcrit, *corpore fuit amplo
& robufto, ftatura eminenti, quæ tamen iuftam non
excederet. Nam feptem fuorum pedum proceritatem
eius conftat habuiffe figuram.* Or les grands hommes de la France & de Bourgongne felon le tef-
moignage de Sidonius Apollinaris eftoient
feptipedes. Il fe veoit encores à prefent au cabinet
du Comte Palatin vne verge de fer de la haulteur
de Charlemagne, comme il paroift par l'efcri-
ture ancienne grauée deffus, c'eftoit celle que
Charlemagne portoit, & s'appuyoit deffus, laquelle n'a que fept pieds de longueur ordinaire.

Pour ce qui eft du Geant Ferragut, les pro-

portions font mal obferuees aux parties de foñ
corps, qui me faict croire que l'Hiftoire eft fabuleufe : car fi le vifage n'a qu'vn pied & demy
qui faict quinze poulces, la longueur de dix
poulces pour le nez eft trop grande, & le vifage
eft trop petit pour la longueur du corps, & fi
la cuiffe a quatre coudees, le corps deuroit auoir
quinze coudees, d'autant que la jambe en aura
trois, il faudra encore vne demy coudee pour le
pied, & la haulteur de l'os pubis.

Tous les exploicts efmerueillables que l'on
rapporte des Geants ne preuuent point leur
grandeur : car il s'eft trouué des petits hommes
qui ont plus faict que tous les Geants defcrits
au vieil Teftament, defquels les actions admi-
rables font recitees par Pline liure 7. chap. 20.
& par Solin, entr'autres vn nommé Athaman-
tus, que Pline a veu : *quingenario thorace plumbeo
indutum, cothurnifque quingentorum pondo calcea-
tum, per fcenam ingredi.* Il n'y a que deux cents
tant d'annees au rapport de Froiffard, qu'vn
Efpagnol qui eftoit au Comté de Foix, eftant en
la chambre auec ledit Comte durant l'hyuer
qu'il faifoit vn grand froid, n'ayant point de
bois, il veid par la feneftre paffer par la court
des mulets, chargez de gros bois, il prend le plus
grand & le porte tout brandy auec le bois dans
la chambre du Comte, où il y auoit 24. marches,
& le jetta dans le feu.

Vegetius parlant comme il faut choifir les
bons foldats, dit qu'il les faut prendre de 5. à 6.
pieds. Les Empereurs Valentin & Valence or-

donnent en leurs Conftitutions qu'on choififfe les foldats hauts de cinq pieds & fept onces vfuales. Suetone rapporte que Neron voulant faire vne courfe iufques au port de Cafpies, leua vne compagnie de foldats Italiens hauts de fix pieds, qu'il appelloit la compagnie d'Alexandre le Grand, *Magni Alexandri phalangem.* Par là on peut cognoiftre que les plus forts & puiffants hommes qu'on choififfoit pour eftre foldats, n'auoient anciennement que cinq à fix pieds, qui eftoit la haulteur ordinaire des hommes de ce temps là.

Solinus certifie que plus de mil ans auant Augufte, ne s'eftoit veu vn homme plus grand que Gabbaras, lequel n'eftoit hault que de neuf pieds & autant d'onces. Apres Augufte il ne s'eft trouué perfonne de pareille haulteur : partant toutes les grandeurs qui furpaffent dix pieds, font faulfes.

Les Geants qu'on a veu de noftre temps n'a-uoient plus hault de 8. à neuf pieds. Les Geants que veid Americus Vefpufius n'eftoient pas deux fois auffi hauts que luy, *Hiftoria,* dit Scali-ger, *maximam illorum magnitudinem denis defipiunt palmis.* Il faut entendre le palme Romain d'Ar-chitecture qui eft de 12. doigts : Tellement que les Geants du Perou n'auroient que huict pieds moins huict doigts. Par confequét ce que recite Nugnes des Geants de la Chine n'eft pas croya-ble. En la 9. partie des voyages des Hollandois aux Indes page 12. il eft efcrit qu'en Cañanor il fe trouue des hommes plus robuftes & grands de toute la teste que les plus grands Hollandois, mais il ne s'en est veu par les Hollandois que 9. ou dix. De faict le Pere Trigault Iesuiste en son liure de la Chine, ne parle point de tels Geants & dit que les hommes ne sont pas plus hauts que ceux de l'Europe.

D'OV VIENNENT TANT D'OS que l'on à descouuert, & que l'on trouue auiourd'huy.

CHAP. 10.

S I l'on me demáde d'où viennēt tant d'os ressemblans aux os humains, que l'on trouue fouillant dãs la terre, qui surpassent la grandeur ordinaire des os humains de ce temps, Ie dis que ces os là sont os des monstres marins de figure humaine, ou bien os de Balene, ou d'Elephant, ou bien des os Fossiles.

Pour preuuer, qu'il se trouue des monstres marins de grandeur excessiue & moyenne, en figure humaine presque parfaite ou imparfaite, comme Tritons, Nereides, Syrenes, & si i'ose dire des vrais hômes de corps, s'ils n'ont l'esprit, qui sont appellez *Gigantes* dans Iob, *ecce Gigantes gemut sub aquis*, Pline m'en fournira des exemples. Alexander ab Alexandro m'en donnera d'autres, & Gesnerus me confirmera tous ces exemples.

exemples. Maiolus en ses iours Caniculaires
Colloque 9. propose d'autres exemples qu'il
asseure estre veritables, & moy i'adiousteray ce
que les autres n'ont point dit. Pausanias *lib.* 10.
Phocicorum rapporte que Cleon Magnes affer-
moit auoir veu vn homme marin mort par le
foudre du Ciel, lequel auoit esté jetté au bord
de la mer, iceluy estoit long *quinque iugerum*
spatio. Iean de Lery en son voyage de l'Amerique recite qu'vn certain Indien maintenoit
auoir couppé la main d'vn homme marin, qui
vouloit renuerser sa nacelle, lequel s'estant re-
tiré loing, monstra sa teste hors de l'eau auec ge-
missements. François Perad a veu vn monstre
marin qui auoit la face d'homme, au reste du
corps couuert d'escailles, lequel marcha prom-
ptement dans la mer. Theuet en ses singu-
laritez de la Frāce Antarctique chap. 18. raconte
que par delà la ligne equinoctiale, pres Castel
de Mine, a esté veu vn monstre marin de figure
humaine jetté au bord de la mer, & la femelle
dans la mer se doleant de l'absence du masle.
L'histoire de l'homme marin dans Pausanias est
aussi croyable que celle qui est recitee par Isi-
dore, d'vne fille morte & blessee à la teste, qui
fut trouuee au bord de la mer, ayant cinquante
coudees de longueur.

Mais d'où s'engendrent ces monstres marins
de figure humaine & de grandeur si enorme ?
N'est-il pas vray ce que dit (Pline, *Quicquid*
nascitur in parte naturæ vlla, & in mari esse, præ-
tereaq; multa, quæ nusquam alibi. Si vous ne voulez

auoüer auec le mesme Pline, *Mundo eſſe innumeras effigies animalium, rerumque cunctarum impreſſas, inde deciduis rerum omnium ſeminibus, innumeræ in mari præcipuè ac plerumque confuſis, monſtrificæ gignuntur effigies.* Ce que ie pense auſſi veritable que le globe de la Lune ſoit vne terre ſolide habitée d'hómes & animaux cóme noſtre terre, ce qu'autrefois ſouſtenoit Xenophanes au 4. liu. des queſtions Academiques de Ciceron. Que du temps de Dicæarchus ſoit tombé vn hómme dé ce lieu, comme du temps d'Auicene on veid tomber vn bœuf, & que Menalippus en ait rapporté des nouuelles à Lucian, qui le faiƈt venir de la ſphere de la Lune, racontant tout ce qui ſe paſſe en l'autre monde : duquel on pourroit croire que telles perſonnes fuſſent deſcenduës & tombees dans la mer de noſtre monde. Car l'œuf duquel naſquit Helene, ſelon l'aduis de Neocles Crotiniates, eſtoit tombé du ciel de la Lune, & les femmes qui habitent ceſte ſphere engendrent des œufs, deſquels eſtans couuez, naiſſent des enfans qui ſont venans au monde quinze fois plus grands que nous ne ſommes, au rapport d'Herodote Heracleotes, ce qu'Athenee eſtime fabuleux. Clearchus in Amatorijs rend raiſon de ceſte fable. Voyez Hadr. Iun. *animaduerſ. lib. 1. cap. 15.*

Pline raconte que du regne de Tybere Ceſar au bord de la mer qui borne le Daulphiné & la Prouence, les flots de la mer jetterent trois cents & plus d'animaux, d'vne varieté & grandeur eſtrange, & vn peu apres le meſme arriua

fur la cofte de Xainctonge : entr'autres beftes
il y auoit des Elephans marins , des Beliers , &
force Nereides. Les jardins fur le bord de la
Guyenne , où l'on prend fouuent des Balenes,
font entourez au lieu de murailles d'os de Balenes , qui fe voyent principalement aux bourgs
que l'on nomme vulgairement Biarris & Ca-
preton , & fainct Iean du Bois , comme nous
certifie Rondelet en fon liure des poiſſons.

Cela eftant veritable, il ne faut point douter
que les grand os que l'on a defcouuert en Dauphiné , ne viennent des Balenes. Cælius Rhodi-
ginus parle de certains os qui ont efté trouuez
en Daulphiné. Fulgofe en defcrit d'autres que
l'on a defcouuert au mefme pays , du temps de
Charles 7. Ils eftoient longs de 30. pieds : &
felon l'aduis des Hiftoriographes, les grands os
de la faincte Chapelle de Bourges viennent de
ce temps là, & ont efté apportez de Daulphiné.
A Valence ville de Daulphiné, fe monftrent au
Monaftere des Cordeliers des grands os. Caſſa-
nio dit en auoir veu en ce pays pres de Valence
depuis 35. ans , & ne ſçauoit-on de quel animal
ils pouuoient eftre fortis : vne dent longue d'vn
pied pefoit huict liures. Il croit que ce pays eft
plein de tels offements, qui fe trouuent pres du
Rhofne aux vallees des montagnes. Depuis peu
on a trouué pres Valence des grands os , qu'on
difoit eftre de Theutobocus. Or tous ces os là
viennent d'vn mefme endroit , & ne font non
plus os humains que ceux du Roy Theutobocus

Andromede eftant expofee à vne Balene pour

estre deuoree, fut conseruee par Perseus qui tua
la Balene. Les os de ceste grande beste furent
apportez de Ioppé ville de la Iudee à Rome par
M. Scaurus. Entr'autres merueilles pour les
monstrer au peuple, les costes estoient longues
de 40. pieds, surpassans celles des Elephans Indiens, & l'espoisseur des vertebres estoit d'vn
pied & demy. I'ay veu deux vertebres de Balene
aussi espoisses, pesant chacune pres de 80. liures:
elles ressembloient fort bien aux vertebres humaines, tant par les apophyses posterieures &
laterales, que par le corps de la vertebre, & le
trou pour passer la moüelle espiniere. Ioannes
Pincierus Medecin liure 4. de ses Meditations
diuerses, descrit par admiration vn gros morceau de la maschoire d'vne Balene auec deux
dents molaires attachez, qui pesoient chacune
28. liures, laquelle maschoire auoit esté tiree du
fleuue du Rhin pres de Roxemium : & sur ce
subiet en a composé ce sixain.

Non equidem stupeo, cetacea si ossa sub vndis
　　Vasti aliquis memoret sparsa iacere maris,
At propè Roxemium Rheni de gurgite tolli,
　　Res visa est certè digna stupore mihi.
Quid tibi cum paruo maris incola maximè Rheno.
　　Fallor ? an hoc vltrix te sinit vnda loco.

Les déts des Balenes sont fort grosses & larges,
& d'icelles s'en seruét les Moscouites, Tartares
& Turcs pour faire les poignees de leurs dagues
& grands cousteaux, afin qu'ils soient plus pe-
sants, & ayent plus de force en frappant. Paré
nous enseigne que les plus longues dents de

Balene qu'il veid à Anuers auoient six poulces
de longueur, & dit auoir veu estant à Bayonne
proche la ville de Biairis prendre les Balenes,
qui est le lieu duquel parle Rōdelet en son liure
des poissons. Ce grand Medecin & naturaliste
Vlysses Aldroandus en son liure des poissons
descrit l'anatomie des parties interieures de la
Balene, qui sont fort approchantes de celles de
l'homme: quant aux os il en parle fort sobre-
ment, mais il depeint vne vertebre, vne coste
toute semblable à celles des hommes, seulement l'omoplate qu'il represente est vn peu differente. Les Capitaines des nauires d'Alexandre rapporterent que les Gedroses qui habitent
pres le fleuue d'Arbis, bastissent leurs portes
de maschoires des grandes bestes marines, que
les grands os leur seruent de soliues pour faire
le toiét de leurs maisons. D'iceux os plusieurs
ont la longueur de 40. coudees, ce dit Pline
liure 9. chap.2.

Partant la grande dent molaire que veid sainét
Augustin au riuage de la mer Vtique n'estoit
point d'vn homme, ains plustost d'vn Elephant
marin ou Balene. Pline rapporte que Turanus
a laissé par escrit qu'vne grande beste marine
fut iettée au bord de la mer Gaditane, laquelle
auoit six vingts dents, les plus grandes estoient
dodrantis mensura, minimi semipedum.

Or la plus grande partie des os qu'on produit
en auant ont esté descouuerts & trouuez dans la
terre, proche de la mer, ou bien iettez aux
bords sur la terre par les flots de la mer. Car les

sepulchres d'Aiax, d'Asterius & Hyllas, dans
Pausanias liu. 1. ont esté trouuez au bord de la
mer, & descouuerts par les flots & tempestes de
la mer, qui me faict croire que c'estoient les os
des grandes bestes jettees au riuage de la mer.

Pour ce qui est des os du Geant descrit par
Bocace, il n'en faut point faire estat pour chose
veritable, d'autant qu'vn corps humain ne peut
estre long de deux cents coudees, ioint que
l'autheur est vn conteur de fables, & tenu pour
tel par les hommes d'octes.

L'histoire du Geant Pallas est fabuleuse, &
l'inscription du tombeau ridicule, il est impossible que ceste lampe ardente ait peu se conser-
uer dans terre l'espace de quinze cents ans, ioint
que le corps dudit Pallas a esté bruslé auec ma-
gnificence apres sa mort, comme nous le descrit
Virgile au commencement du 10. de l'Eneide.

Quand i'entends que certains os ont esté
trouuez soubs les racines des grands arbres,
ormes & chesnes, tombez & morts de vieillesse,
ie me ressouuiens de la fable des Poëtes, qui
feignent que les premiers hommes sont sortis
des ormes & des chesnes.

Quippe aliter tunc orbe nouo cæloque recenti
Viuebant homines, qui rupto robore nati
Compos[i]tique luto, nullos habuere parentes.
Statius lib. 4. en parle de ceste façon,
Arcades hinc veteres astris lunaque priores
Agmina fida satis, nemorum quos stirpe rigenti
Fama satos, cum prima pedum vestigia Tellus
Admirata tulit, nondum arua domusque nec vrbes

Connubijque modus. Quercus Laurique ferebant
Cruda puerperia, ac populis vibrosa créauit
Fraxinus, & sœta viridi puer excidit Orno.

Virgile atttribue ceste generation aux Nymphes
& aux Faunes.

Hæc nemora indigenæ Fauni Nymphæque tenebant,
Gensque virum, truncis & duro robore nata.

De là sont venues les metamorphoses des
hommes & des femmes, & des pierres en des ro-
chers descripts par les Poëtes. Ceste fiction poe-
tique conuient fort bien au compte que faict
Lucian de la generation des hommes arborez,
qui viennent en ceste façon, si on couppe le te-
sticule d'vn homme & qu'on le plante, n'aistra
& s'esleuera vn arbre de chair grand comme la
verge, lequel aura des feuilles & des fruicts faits
en glands longs d'vne coudee, lesquels estans
cueillis en leur maturité, on les bat & façonne
pour en former vn homme.

La multitude des os qu'on a descouuert en Sicile ne viet point de Cyclopes qui ont demeuré
en ce lieu, bien qu'Homere l'appelle l'isle des
Cyclopes, mais il est croyable que le desborde-
ment de la mer à ietté des grandes bestes sur ceste terre, desquelles on a descouuert les ossemés
enseuelis & cachez sous le limon endurcy. Car
ceste isle a esté autrefois ioincte à l'Italie, maintenant en est separée, & principalement la ville
Tyridaride a esté submergee par la mer, de laquelle auiourd'huy ne reste que le nom, & la
place deserte, où est bastie vne petite chappelle
pour marque de la ville. Peut estre que ceste

terre a esté autrefois d'vn temps immemorial
toute couuerte de la mer: Car Aristote nous apprend que la mer couure certaines terres, & en
descouure d'autres, que ce qui est maintenant
mer deuiendra vn iour terre féconde, que ce qui
est auiourd'huy terre, sera vn iour couuert de la
mer, comme Pline le demonstre par exemples
liure second de son histoire naturelle chap. 85.
Strabon liure 1. Pausanias in Arcadicis, Seneque
liure 6. de ses questions naturelles chap. 26. & 27.

 Pour ce qui est de la fable des Cyclopes, Strabon lib. 5. Geographiæ nous appréd d'où elle est
venue. C'est que la Sicile estát vn païs fertile en
toute sorte de biés, plusieurs ont cóbatu les vns
contre les autres pour enuahir & posseder plus
de terre qu'ils pourroient attraper sur son compagnon. Quant aux ossements que l'on trouue
dans la terre, Goropius Becanus estime qu'ils se
peuuent engendrer de quelque bitume blanc
qui deuient fongueux ressemblant en consistance aux ós humains, ce qui peut arriuer principalement quand quelque astre de figure humaine
comme Orion ou Cepheus y dominent, & jet-
tent leur influence. Il donne encore d'autres raisons. La premiere est que les Roys ambitieux
d'estre tenus pour Dieux apres leur mort, se sont
de leur viuant fait tailler secretement des scele-
lets d'os de Balene surpassants la grandeur ordinaire des hommes, qu'ils ont fait mettre en leurs
sepulchres, afin que la posterité venant à descouurir ces grands ossements, iugeast qu'ils
estoient sortis de la race des Dieux, ou bien c'est

le diable qui tasche tousiours de conduire &
nourrir les hommes en l'idolatrie, qui descouure & manifeste aux hommes ces grands ossemens pour multiplier & entretenir la race
des faux Dieux.

DES OS D'ELEPHANT.

CHAP. II.

IE confesse librement n'auoir iamais
veu d'Elephant, encores moins obserué & visité les os pour sçauoir la si-
militude & dissimilitude qu'ils ont
auec les os humains, neantmoins i'en diray quelque chose par le recit des anciens, qui ont veu
& contemplé ceste grande beste, comme Aristote, Ælianus, & de nostre temps Petrus Gillius.

L'Elephant, côme ils rapportent, a aux iambes
de derniere des cheuilles, les iambes posterieures sont plus longues que les anterieures, il a les
iambes presque esgalement grosses en haut & en
bas; Il fleschit les iarrets des pieds de derriere
comme fait l'homme, tout au contraire des autres animaux, il a vn talon & ayant des cheuilles
il s'ensuit qu'il aura vn astragale semblable ou
approchant à celuy de l'homme. Les vns disent
qu'il a le pied rond comme vn grand bassin, cô-
tinu exterieurement, mais interieurement diui-
sé selon les ossemens en cinq doigts. Aristote
escrit que le pied de l'Elephant est fendu, ce qui

est côfirmé par Petrus Gillius tefmoing oculaire,
lequel nous affeure auoir veu en fon voyage des
Elephâts, & qu'en celuy qu'il amenoit en Frâce
eftant mort il obferua que l'os de la cuiffe anterieure eftoit long de deux pieds , & au milieu il
auoit de tour *dodrantem.* La iambe du mefme
pied eftoit longue d'vn pied *cum dodrante.* Le milieu auoit de tour 15. doigts. L'os de la cuiffe po-
fterieure eftoit long de deux pieds & dix doigts.
Celuy qu'il veid à Conftantinople auoit la cuiffe de cinq pieds & dix doigts , mefurant depuis
l'article iufques au pied , & eftoit haut de dix
pieds, la rondeur de la dent eftoit d'vn pied &
cinq doigts l'Elephant marin qu'il veid auoit les
dents longues d'vn pied, & de tour fix doigts.

I'ay veu vn vray os de la cuiffe long de trois
pieds, gros par le milieu pres d'vn pied de tour,
que Monfieur Ribery medecin du Roy, fçauât
& curieux garde en fon cabinet , lequel femble
eftre d'vn homme, fi on ne l'examine diligemment en toutes fes parties, d'autant qu'il à deux
gros condyles en la partie inferieure, & entre les
deux condyles il y a vne cauité qui eft le lieu de
la rotule du genouil , il s'y void auffi les deux
Trochâters, mais d'vne autre figure & fituatiô,
le col de cefte cuiffe eft fort court , fans eftre
courbé, qui me fait iuger que cet os n'eft point
d'vn hôme Geant, & ledit fieur Ribberi m'a dit
qu'il croyoit eftre forty d'vn elephant.

Or fi l'Elephant a l'os de la cuiffe, l'os de la iâ-
be, le talon & l'aftragale, prefque femblables aux
os de l'homme , mefme le pied fendu en cinq

doigts,il eſt croyable que le reſte des os de l'Ele
phāt excepté la teſte reſſéblera aux os de l'hôme
& ſera fort difficile à vn Medecin & Chirurgien
s'il n'eſt bon anatomiſte, de remarquer la diſſi-
militude. Partāt il ſe peut faire que tāt d'os qu'ō
a creu&receu pour os humains ſoient venus des
Elephants. Ie me perſuade que Ioachimus Præ-
torius en ſon hiſtoire Phyſiologique de l'Elephant n'aura point oublié de donner quelque
choſe du baſtiment de l'Elephant plus exact &
particulier que les autres. Ie n'ay peu encores
recouurer le liure pour apprendre choſe qui
ſerue à mon deſſein. Il ſe veoit à Anuers
des os d'vne grandeur exceſſiue , qu'on dit
eſtre ſortis d'vn Geant nommé Brabon, du tēps
de Iule Ceſar, qui couppoit les mains pour
payement & oſtage à tous ceux qu'il rencontroit plus grands que luy. Mais Goropius Becanus a monſtré clairement que ce ſont les os dés
Elephans que Galienus l'Empereur enuoya à
ſon fils Saloninus , qui eſtoit en ce pays auec
Poſthumus, qui gouuernoit paiſiblement ceſte
contrée. Or Trebellius Pollio en la vie de Galienus, nous certifie qu'il fit amener à Rome dix
Elephans. Ce qui me fait croire qu'il en enuoya
deux ou trois à ſon fils, lors qu'il eſtoit en Flan-
dres, pour reſſoüyr & gratifier ce peuple, qui eſt
amateur de nouueautez, & qui n'auoit iamais
veu vn ſi grand animal. Pour preuue plus certaine, il adiouſte que depuis 50. ans ceux de
Bruxelles creuſants leur canal qui va iuſques à
Vuluorde, deterrerent les os de deux Elephans

qui reſſembloient entierement aux os que l'on
monſtre à Anuers pour vn Geant. Ioint que tout
ce que l'on recite du Geant Brabon eſt fabuleux, comme le demonſtre pertinemment le
ſuſdit Goropius Becanus en ſa Gigantomachie.

DES OS FOSSILES.

CHAP. 12.

R Eſte maintenant à demonſtrer que
dans la terre ſe peut engendrer & former des pierres oſſeuſes, ſemblables
en figure aux os humains. Ce que ie
preuueray par authorité de ſçauants
Medecins & Anatomiſtes, puis par raiſons,
pour monſtrer que ce n'eſt point choſe impoſſible à la Nature.

Theophraſte en ſon liure *de lapidibus* : & apres
luy Pline liure 36. chap. 18. rapportent, *oſſa è terra
naſci, inuenirique lapides oſſeos.* Scaliger en ſes exer-
citat. approuue que dãs la terre il ſe peut former
des pierres ſemblables en couleur & figure aux
os humains. Andreas Cæſalpinus liure ſecond
de metallicis, chap. 48. recite qne de ſon temps,
ipignant le bourg de S. Iean en la vallee d'Arnes,
qui eſt en la Toſcane, on trouuoit des os pierreux de grandeur exceſſiue, qu'on penſoit eſtre
des os d'Elephants, qu'auoit amené autresfois
Annibal en Italie : Il ſe veoit la teſte de l'humerus auec celle de la cuiſſe, qu'vn homme ne peut

embraſſer auec ſes deux bras. Ie garde chez moy
ce dit-il, des pieces d'os au dedans ſpongieuſes,
exterieurement ſolides, griſaſtres, qui ſonnent
comme du marbre. Georgius Agricola en ſon
liure *de foßilibus*, dit que la pierre Enoſteos rõpuë
& briſee reſſemble aux os : la pierre Arabique
n'eſt gueres differente des os, au iugement d'A-
gricola & de Cæſalpinus.

Il ſe trouue dans la terre vn ſuc blanc, qui
ſ'appelle Marga, Marne, lequel eſt ſemblable à
la moüelle des os : d'iceluy eſtant condenſé &
eſpaiſſy, ſe peuuent former des pierres oſſeuſes,
reſſemblantes en figure à certains os du corps
humain. Il y a dans certaines terres vn ſuc blãc
qu'ils appellét *lac lunæ*, lequel eſt de meſme couleur & ſubſtance que le laict : on dit que c'eſt le
Morochtus veterum, les autres tiennent que c'eſt
vne eſpece de Marne tres-fine & deliee, qui
ſ'attache aux toicts des cauernes minerales.
Albert le grand certifie qu'il ſe trouue quelque-
fois dans la terre des pierres qui repreſentent au
dedans & au dehors les traicts & les figures des
animaux : & quand on les fend, on trouue la figure des inteſtins. Au Diocſe de Treuires, re-
muant la terre pour jetter les fondements d'vn
chaſteau, on trouua des pierres noiraſtres &
dures, qui repreſentoient les parties honteuſes
de la femme, comme teſmoigne Agricola. Il ſ'en
trouue de ſemblables à Mariẽbourg, au rapport
de Cardan. Les pierres Borſcytes & Gamites
reſſemblent deux mains entrelaſſees. La pierre
Idæus Dactylus eſt ſẽblable au poulce humain.

La Cadmie foſſilé, appellee Cobaltum, amaſſee en gros morceaux, reſſemble au cerueau, cóme recite Geſnerus: les pierres Ammoſtei & Oſteocolli ſont ſemblables aux os. Ammoſteos eſt vn nom compoſé, qui ſignifie ſable & os : Oſteocollos os & colle : tous deux ſe trouuent dans les ſablonnieres, le dernier eſt recommandé pour ſouder & conſolidér les os rópus. Thomas Eraſtus en a compoſé vn liure *de lapide ſabuloſo*, dedié à Geſnerus, qui en a faict grand cas.

Il ſe trouue en la terre des dents foſſiles, qui ne ſont iamais ſortis des animaux, comme rapporte Geſnerus. Il adiouſte qu'en vne cauerne *prope Elbingerodā*, il ſe trouue des os & des dents d'hommes, & autres animaux d'vne grandeur ſi exceſſiue, qu'il n'y a point d'apparéce qu'il y ait eu des hómes ou animaux de pareille grandeur. On trouue dans les creux de la terre de l'yuoire foſſile, de l'Ebene foſſile, au rapport de Theophraſte & Pline. Meſmes des cornes, que l'on vend pour des cornes de Monoceros ou Licorne, comme teſmoignent Geſnerus & Cæſalpinus, & Anſelmus Boëtius. Ce que Neander en ſa Geographie, aſſeure eſtre veritable, ayant luy-meſme obſerué en diuers endroits de l'Alemagne des os pierreux, *oſteitas lapides.* Ce qui eſt auſſi cófirmé par Goropius Becanus *in Niliſcopio* en ces termes, *Animalium terreſtrium oſſa nedum marinorum in terra generantur, aliquo modo oſſa perdurant, modo ſucci locique natura in lapides tranſeunt. Georgius agricola in agro Lunæburgenſi teſtis eſt oſſa belluarū marinarū orta eſſe, & in lapides conuerſa, habet equidem ossa saxea ingentia. Balenarum ossibus maximis æquá, è terra eruta, dum puteus fieret.* Thomas Iordanus *tract.3. lib. de Peste*, dit auoir veu au baron de Kereczeni vn os gros comme son bras qu'il disoit auoir eu du Cabinet du Roy Mathias lequel il crioit estre vne corne de Monoceros, mais ie luy mõstray & feis aduoüer que c'estoit vn os de balene, & que les balenes estant iettees au riuage de la mer, demeuroient couuertes de sable quelques annees, lesquelles par apres venant à estre descouuertes les trompeurs & charlatans prennent & vendent les os pour des cornes de Monoceros. Andreas Baccius en son traicté de la licorne en dit autant & tesmoigne auoir veu la maschoire d'vn grand animal couppee en morceaux qui auoit esté vêdue pour licorne, d'autant qu'elle faisoit bouillir l'eau y estant iettee & en Calabre ledit Baccius a veu des pierres fossiles ressemblãt aux os.

Il est tres-veritable qu'en Thuringe, Pologne & autres lieux, fouillans auant dans la terre, on trouue des pots auec anses aussi bien tournez, & façonnez, que ceux qui sortent de la main du potier. Georgius Vberus en a escrit vn discours qui est parmy les Epistres de Craton, où il mõstre cõme en Silesie, il se trouue de tels pots. Mais il croit que cela viẽt des sepultures des anciens qui mettoient les cendres dans des pots de terre, qu'ils appelloient *Urnas.* Gesnerus en son liure *de figuris lapidum*, rapporte tant de similitudes des pierres aux animaux & choses artificieles, que personne ne doit douter qu'il ne se puisse dans la terre engendrer & former des os approchans aux noſtres.

Car ſi dans noſtre corps il s'engédre des os, de pierres, du bois, de l'or, pourquoy dans la terre noſtre mere commune, qui contient en ſoy les ſeméces de toutes choſes ne ſe poura-il engendrer & former des pierres fongeuſes, ſemblables aux os humains. Toute l'Allemage a veu vn enfant Sileſien qui auoit vne vraye dent d'or qui eſtoit venue auec les autres, ſur lequel ont compoſé des liures pour l'eterniſer, Iacobus Horſtius, Rulandus, Libauius. Albert le Grand aſſeure auoir veu vn os du crane, tout d'or en ſa ſubſtance, il ſe peut engendrer dans noſtre corps des oſſelets comme a pluſieurs fois obſerué Columbus Anatomiſte, des pierres de diuerſes couleũrs & figures, en toutes les parties du corps, comme a demonſtré Kentmanus, *lib. de calculis corporis humani*, & apres luy Schenchius, *in lithogeneſia.* Ce qui s'engendre dans noſtre corps, par la pituite Vitree, telle qu'elle eſt déſcripte par Praxagoras, laquelle Scaliger exercit. 108. part. 3. teſmoigne auoir veu, ſe conuertiſſant en pierre. François de Piedmont en ſa prattique, racóte auoir veu vn Neapolitain, lequel rendoit des pierres par les inteſtins, par la verge, & par la bouche en touſſant, tellement qu'il ſembloit que ſon corps feuſt vne carriere.

A l'entour d'Iſlebium, on tire de la terre des pierres qui repreſentent la figure des poiſſons & des plantes, Cluſius autheur digne de ſoy *lib. 1. hiſt. plantarum cap. 23.* aſſeure qu'en Flandre ſur

le bord

le bord de la mer, il a trouué des petits arbris-
feaux pierreux de fapin, de cypres, tout femblables à ceux qui croiffent fur la terre, au 6. liu. des
Exotiques c. 6. defcrit & depeint quatre fort belles plantes pierreufes venues dans la terre. Gef-
nerus en fon liure *de figuris lapidum* en rapporte
plufieurs exemples, & certifie cela eftre tres-veritable. *Ferrandus Imperatus lib.* 2 4. de fon hiftoire naturelle defcrit plufieurs pierres femblables aux plantes, qui ont efté trouuees dans terre, qui eft vne belle chofe à voir par les difcours
& les figures reprefentees en fon liure. Carnea-
des au rapport de Ciceron lib. 1. *de diuinatione*
raconte que dans les carrieres de Chio il s'eft
trouué vne pierre laquelle eftant fendue repre-
fentoit la tefte de Panifcus. Origene en fes difcours Philofophiques recite de Xenophanes
Colophonien, que l'on a trouué dans les carrieres de Siracufe des pierres, qui reprefentoient la
figure de certains poiffons. Suetone en la vie
de Vefpafian, rapporte qu'à Tegée ville d'Arca-
die, foüillât dans la terre on trouua des vaiffeaux
fort antiques, qui auoient empreinte l'image de
Vefpafian. Pline liu. 3 6. ch. 5. recite que dans vn
morceau de marbre eftant fendu, s'eft trouué la
figure de Silenus. Bafile Befler qui eft celuy qui
a dreffé *Hortus Exftetenfis, in fafciculo rariorum*, re-
prefente en taille douce beaucoup de plantes
marines pierreufes, & force pierres qui auoient
au dedans la figure de la main humaine, & autres
figures des animaux. *Anfelmus Boëtius lib. de gem-
mis & lapidibus*, traictant des pierres poreufes &

D

fongeuſes, depeint & deſcrit trois ſortes de ceſte
pierre ſablonneuſe, qu'il appelle Oſſifrage, d'autant qu'elle eſt recommandee pour les fractures, leſquelles pierres reſſemblent en couleur,
figure, & cauité aux os, meſmes bruſlees, rendent
vne pareille fumee & odeur que les vrais os na-
turels : il parle de ceſte pierre pertinemment,
pour l'auoir veu ſortir hors de terre en forme
d'vn petit arbriſſeau, & pour ceſte figure l'appelle *Lapidem Stelechitim*, côme la corne foſſile,
Lapidem Ceratitem, qui eſt differéte en figure. Car
elle repreſente les dents, les os des jambes, des
cuiſſes, des bras & autres os. Mais ce qui eſt plus
eſtrange que la generation des os foſſiles, c'eſt
qu'en Allemagne on a trouué dans la terre des
morceaux de chair foſſile, ſemblable en couleur
conſiſtence à la chair des muſcles. Libauius au
premier tome de ſes ſingularitez, en a compoſé
vn traicté *de mola minerali*, pour monſtrer que
ce n'eſt point choſe fabuleuſe, ny impoſſible.

Pour verifier & fortifier dauantage ceſte generation des os foſſiles, ie pourrois mettre en
auant l'opinion des anciens Philoſophes, touchant la creation de l'homme, que les premiers
ſont ſortis de la terre, & qu'il ſen peut encores
engendrer dans la terre.

Porphyrius recite que les Egyptiens ont creu
la terre contenir en ſoy les ſemences de toutes
choſes, que nous voyons eſtre produictes en la
ſurface de la terre, que leſdites ſemences eſtans
ſuſcitees & reduictes en acte par la vertu du So-
ſeil, pouuoient produire les meſmes eſpeces, ſi

elles eſtoient perdues:que l'homme eſtoit venu
de ceſte façon,& quand toute la race des hommes ſeroit perie; qu'il s'en pourroit engendrer
d'autres dans la terre.

L'opinion d'Anaximander le Mileſien eſtoit,
que de l'eau & de la terre meſlez & peſtriz enſemble, eſchauffez par la vertu du Soleil, les
poiſſons auoient eſté les premiers engendrez: &
que des entrailles des poiſſons ler hommes e-
ſtoient venus,qui eſt vne opinion fort abſurde.

Parmenides & Empedocles ont ſuiuy l'opinion des Ægyptiens, que les hommes eſtoient
engendrez & ſortis de la terre, mais ils ont ad-
iouſté les maſles vers l'Orient, les femelles vers
le Septentrion.

Platon qui auoit demeuré long-temps en
Ægypte,a eſcrit le meſme que les Ægyptiens.

Les Epicuriens, comme a fort bien rapporté
Lucrece liure ſecond,ont eſtimé qu'en la creation de l'homme, la matrice auoit precedé,
qu'elle venoit de la terre, & dans ceſte matrice
l'homme auoit eſté engendré , & allaicté d'vn
ſuc blanc , ſemblable au laict , que la terre luy
auoit fourny.

Les Stoiciens n'ont point eſté beaucoup
eſloignez de ceſte opinion , comme demonſtre
fort doctement Lipſe *lib. de ſtoica doctrina.*

Les Poëtes ont retenu ceſte doctrine,publians
que les premiers hommes Geants auoient eſté
produicts & engendrez dans la terre.

> *Tum partu terra nefando*
> *Zetúmque, Iapetúmque creat, ſæuúmque Typhœa,*

Et coniuratos cælum refcindere fratres.

De là font emanees les autres fables des Poëtes,
que Promethee auoit formé vn homme d'vne
maffe de terre, qu'il auoit animé du feu celefte,
que Pyrrha & Deucalion, apres le Deluge vni-
uerfel auoient refufcité & r'engendré les hommes, en iettant des pierres par tout, defquels
eftoient venus les hommes.

Terrea progenies duris caput extulit aruis.
Nos lapides Pyrrhæ iaƐtos.

Et comme fort bien explique cefte fable Ouide
lib.1. Metamorphof.

Magna parens terra eft, lapides in corpore terræ
Offa reor dici.

De là eft venuë la fable de ces hommes armez,
qui fortoient de terre des dents de ferpents, qui
auoient efté femez en Colchide & Beotie. Pline
femble fauorifer cefte fable, lors qu'il dit liure
feptiefme, qu'on n'auoit point de couftume de
brufler les enfans, auant que leurs dents fuffent
forties. La raifon fe peut tirer de Tertulian, *vt ef-*
fent femina fruƐtificaturi corporis in refurreƐtione.
Virgile nourry en l'efchole des Platoniciens, au
fixiefme de l'Eneide, faifant parler Anchyfes, qui
auoit cognoiffance de toutes chofes, nous enfei-
gne que de la terre font venus les hommes.

Principio cælum ac terras, campofque liquentes,
Spiritus intus alit, totámque infufa per artus.
Mens agitat molem, & magno fe corpore mifcet,
Inde HOMINVM, *pecudúmque genus.*

Auicenne fouftient & veut prouuer par raifons,
qu'il n'eft pas impoffible, que les corps des hô-

mes se puissent engendrer dans la terre, Et quãd
tous les hõmes du monde periroient, que la semence prolifique qui est dans la terre, est suffisante d'en produire d'autres. Pour preuue de
son opinion il apporte, que dans la terre s'engendrent des souris, des poissons fossiles: & infinité d'autres animaux, & qui plus est, qu'on
trouue dans la terre des pierres de figure estrange, semblables aux parties genitales des hõmes
& des femmes. Peut-estre auoit-il apptis cestè
Philosophie d'Auerrois, qu'il alla trouuer enEs-
pagne pour apprendre de luy. Car ledit Auerrois
maintient, qu'il se peut engendrer des hommes
dans la terre, & que ce n'est point chose impossible, ny incroyable. C'est ce qu'a voulu prouuer
obliquement Andreas Cæsalpinus, *in quæstionibus
peripateticis,* selon l'opinion d'Aristote, que tout
ce qui s'engendre par semence & copulation du
sexe, se pouuoit engẽdrer dãs la terre. Mais Aristote dit, que si les hommes sont engẽdrez de la
terre, ils sont plustost venus d'vn ver, que non
pas d'vn œuf, liu. 3. de generat. animal. cap. vlt.
Cardan a tenu ceste heresie, que dans la terre se
pouuoit engẽdrer vn hõme. Scaliger appelle cela impieté, & en l'Exercitatiõ 193. luy remõstre sa
folie. Car si vn bœuf autrefois a esté engẽdré dãs
la terre, pourquoy depuis ce temps n'est il arriué
chose semblable? Ceste pauure femme dãs Ælo-
pe, accusee par son mary d'adultere, si elle se fust
aduisee de vostre opinion, eust mieux couuert
son impudicité: si elle eust dit que cet enfant venoit du limon de la terre, non pas de la neige.

D iij

L'impudence & temerité des Alchymistes,
qui pésent sçauoir tous les secrets de la nature, a
passé plus auant, iusques à publier & soustenir,
que par Alchimie ou pouuoit former vn hôme.
Amatus Lusitanus nous asseure auoir veu vn petit homme long d'vn pouce, enfermé dans vn
verre, que Iulius Camillus, comme vn autre Promethee, auoit faict par l'art Spagitique. Mais le
petit homme mourut aussi tost qu'il sentit l'air.
S'il n'est vray, la bourde est belle, & puisee des
ordures & inepties de Paracelse, *libro de natura
rerum*, qui monstre la façon comme il faut faire
ces petits hommes, & maintient que les Pygmees, les Faunes, les Satyres, & Nymphes ont
esté engendrez de la façon.

Mais delaissant ces impietez execrables, qu'il
vaut mieux taire, qu'expliquer au long: Ie re-
uiens à la generation des hommes dans la terre,
que l'on pourroit prouuer par exemples. On dit
que de la semence que Vulcain respanduë sur la
terre, nasquit en la region Attique cet homme
Eryctonius, qu'vn enfant nommé Tages se leua
de la terre, comme on labouroit : que Phylus
oncle de Caucon au pays de Missene sortit de la
terre, & Attis nasquit de la semence de Iupiter
versée sur la terre, tous ces deux exemples au
rapport de Pausanias. Agdestis est venu d'v-
ne pierre qui s'ouurit pour le mettre au monde, *petra*, dit Arnobe lib. 5. *concepit & mugitibus
editis multis, priùs mense nascitur decimo, materna ab
nomine cognominatus Agdestis.*

Tout ce que i'ay rapporté de la generation

de l'homme n'eſt pas de moy, mais extraict des
autheurs anciens, deſquels ie ne voudrois pas
eſtre garand ny fauteur, eſtans contraires à noſtre creãce. Car il n'y a que noſtre premier pere
Adam qui ait eſté formé de la terre, par la main
de Dieu, & n'a pas eſté engendré dans la terre.
Nous autres ſes enfans retenons de ceſte terre,
qui a changé en nous d'accidens, & non pas de
ſubſtance. Nous deuons tous rendre ceſte chair
terreuſe à la terre noſtre mere commune. Ie me
ſuis ſeruy ſeulement de ces autheurs anciens,
pour monſtrer qu'il n'eſt pas impoſſible ny abſurde, que dans la terre il s'engendre des os foſſiles, ſemblables aux os des hommes, & autres
animaux: puis que les anciens ont creu que tout
le corps de l'homme parfaict, ſe pouuoit engendrer dans la terre.

Si on me demande comment ſe peut faire que
des os, des dents, des cornes, des plantes & autres animaux qui ſont ſemblables aux vrays os
des hómes, des animaux; ſemblables aux autres
plantes ſe puiſſent engendrer & former dans la
terre. Et qui eſt plus admirable, de la chair muſ-
culeuſe ſemblable à celle des animaux. Vn théo-
logien diroit que tout cela ſe peut former dãs la
terre, qui contient le principe materiel, qu'elle a
receu cómandement de Dieu de produire toutes
choſes, qu'elle peut engendrer auſſi bien au dedans qu'au dehors: Mais qu'elle ne peut au dedans amener à perfection, & animer les corps
qui ne ſont point touchez de la chaleur du Soleil.

D iiij

Les Philosophes tiennent que la terre enferre
dans soy les semences de toutes choses , & que
l'esprit du monde ou l'ame vegetatiue y est aussi
enclose. De sorte qu'elle pourra aussi bien au
dedans produire des choses semblables à celles
que nous voyons sortir de son sin en la surface
de la terre. Car si la cause efficiente & materiele
se trouuent dans la terre, pourquoy ne se pour-
ra-il engendrer diuerses choses, selon la qualité,
consistence & nature du lieu. Cet esprit de
vie ou vertu vegetatiue selon l'opinion de quelques Philosophes mesme reside & habite aux
mineraux & aux pierres, aussi bien qu'aux plantes. Tellement que si nous croyons les Alchymistes, ils le peuuét separer des metaux, & principalement de l'or, auquel il est plus fort, & plus excellent qu'en pas vn autre. Cet esprit suscité &
resueillé par artifice, peut multiplier , enfler,
grossir & estendre l'or en branches comme vne
plante, ce qu'ils appellent vegetation de l'or ou
arbre hermetique.

Les autres disent qu'aux cendres de toutes
choses est contenu vn sel figuratif, ou vne vertu
vegetante, capable d'engendre son semblable,
si bien que toutes les choses du monde estans
pourries , conuerties en cendres , & retournees
en la terre, peuuét engendrer des os, des cornes,
des dents, des poissons, rencontrans vne matiere
capable. Pour preuue on pourroit produire les
Alchymistes, qui se vantent de pouuoir par les
cendres des plantes, meslees dans vne certaine
liqueur, auec vn feu artificiel moderé , ressusci-

ter la plante dans vn vaiſſeau de verre, & la
faire paroiſtre viſiblement. On tient que le
Phœnix ſe r'engendre de ſes cendres, il eſt
tres-certain que des eſcorces des arbres
en Eſcoſſe, s'engendrent des oyes tres-bon-
nes à manger, comme nous enſeigne pertinemment Lobel, ſur la fin de ſon liure des
Plantes, pour auoir eſté teſmoin oculaire,&
diligent obſeruateur de ceſte generation. Libauius en la troiſieſme partie de ſes commentaires Chymiques, rapporte vne choſe admirable, veuë d'vne infinité de perſonnes en Allemagne, l'an mil ſix cens huict, vne fontaine mi-
nerale ayant eſté deſcouuerte en Myſnie, par vn
Medecin qu'il nomme Ieremias Cornarius, duquel i'ay des conſeils en Medecine imprimez.
Comme on diſtilloit l'eau pour ſçauoir ſes qua-
litez & ſa compoſition, on veid s'eſleuer du fond
limoneux de l'alembic, vne plante verte de la
hauteur d'vn pouce. Ledict Libauius deſcrit au
long ceſte hiſtoire, & donne la figure de la
plante.

Fabius Columna *au ſecond tome des plantes
rares, incogneues & mal deſcrites, & libro de
Purpura,* recherchant la cauſe de tant de varie-
tez qu'on trouue dans la terre, comme des os,
des cornes, & vne infinité d'animaux & plantes,
eſt d'vn aduis tout côtraire. Car il croit que cela
vient d'vn temps immemorial, par les hommes
qui ont ietté telles choſes dans la terre, leſquelles s'attachás à certaines terres humides, graſſes
ou bitumineuſes, y ont imprimé leur figure,

laquelle eſtant couuerte d'autre terre, s'eſt ac-
creuë & endurcie en la forme & groſſeur que
l'on trouue ces pietres: Tellement que les branches des arbres, ou bien les cornes, les coquilles
& autres choſes naturelles enfermees dans la
terre, rencõtrans matiere glaireuſe & viſqueuſe,
s'attachent &impriment leurs figures, d'où vient
que leſdites pierres fenduës ſont plus tendres au
dedans qu'au dehors, & contiennent interieurement dans leur creux quelque poudre, qui eſt
le premier moule de la choſe petrifiee. Ce qu'il
penſe eſtre arriué du temps du deluge vniuerſel,
auquel la terre par l'innondation fut remuee &
renuerſee, les poiſſons & tout ce qui eſt dans la
mer, reſpandu ſur toute la terre.

Ceſte opinion eſt tiree d'Ariſtote, qui dit que
ce qui eſt terre maintenant a eſté autresfois mer,
& que ce qui eſt auiourd'huy mer, deuiendra vn
iour terre ſeiche. C'eſtoit auſſi l'opinion de Pythagoras, qu'Ouide rapporte liu. 15. Metamorp.

Vidi ego quod fuerat quondam ſolidiſſima tellus
Eſſe fretum vidi factas æquore terras,
Et procul à pelago conchæ tacuere marinæ,
Et vetus inuenta eſt in montibus anchora ſummis.

Qui eſt cauſe qu'on trouue tant de parcelles des
vitancilles de meſnage dans les minieres &
cauernes de la terre, meſmes deſſus les montagnes. Plutarque *lib. de Iſide*, dit que l'Egypte a
eſté autresfois mer : & pour ce que l'on trouue
dans les minieres d'or & d'argent, & deſſus les
montagnes des coquilles de mer. Berrius en ſa
Geograph. chap. 1. en rapporte pluſieurs exéples.

Mais pour ce qui est de la matiere des os fossiles, les vns tiennnent que c'est vn bitume blanc,
les autres veulent que c'est la marne, que i'ay
dict ressembler à la moüelle des os, laquelle
meslee auec la chaux, compose les os petrifiez
ou les pierres osseuses, qui prennent diuerse figure, selon l'espace du lieu où ils sont figurez &
façonnez.

CHAP. 13.

'Est vne plainte generale depuis
Homére, que la grandeur des hom-
mes de siecle en siecle va tousiours
diminuant, que les hommes d'auiourd'huy ne sõt plus que des nains
& petits enfans, au regard des hommes du premier Age. Empedocles soustenoit que les hommes de son temps cõparez aux anciens, estoient
comme enfans venans de naistre. *Iam vero ante*
annos prope mille, vates ille Homerus non cessauit mi-
nora corpora mortalium, quàm prisca conqueri, ce dit
Pline.

Homere parlant de Diomedes en l'Iliade 5.
& d'Hector en l'Iliade 12. pour monstrer leur
force & grandeur, dit qu'ils jettoient vne pierre,
que deux forts hõmes n'eussent peu leuer ; pour

signifier qu'ils estoient deux fois plus robustes
& grands, que n'estoient les hommes de son
temps, lors qu'il escriuoit son Iliade. Or il n'y a
d'interualle que cent ans, ou cent cinquäte, ou
deux cents tout au plus, comme les autres tiennent depuis la destruction de Troye iusques au
temps d'Homere. Partant il n'y a pas d'apparence qu'en deux cents ans les hommes soient
diminuez de la moitié. Eustathius a fort pru-
demment remarqué en son Commentaire que
c'est vn exces poëtique, pour demonstrer la
force & generosité de ces grands Capitaines.
Ioint qu'Homere s'est pleu a dire des mensonges
excessits ἀνδρειότατος ἦν ἀνθρώπων πρὸς τὸ ψεῦδος
ὅμηρος. *Fuit audacißimus mortalium ad mentiendum*
ce dit S. Chrysostome.

Virgile voulant imiter Homere, & voyant le
grand nombre des annees escoulees, depuis
Homere iusques à son temps, par vne fiction
poëtique descriuant la force de Turnus dit, qu'il
jetta vne pierre contre Æneas, que douze hommes de son temps n'eussent peu leuer.

> ———— *Saxum circumspicit ingens,*
> *Saxum antiquum ingens, campo qui forté iacebat,*
> *Limes agro positus, litem vt discerneret aruis.*
> *Vix illud lecti bis sex ceruice subirent,*
> *Qualia nunc hominum producit corpora tellus.*
> *Ille manu raptum, valida torquebat in hostem,*
> *Altior insurgens, & cursu concitus heros.*

Or Turnus n'estoit plus hault de ses compagnons que de la teste.

> ———— *præstanti corpore Turnus*

Vertitur arma tenens, & toto vertice supra est.

Iuuenal à l'imitation d'Homere & de Virgile, se plaint que les hommes de son siecle sont plus petits que ceux des siecles passez, lesquels n'ont pas la force de leuer la pierre que Turnus, Aiax, & Diomedes jettoient.

—— Nec hunc lapidem quali se Turnus, & Aiax,
Et quo Tytides percußit pondere coxam
Ænea, sed quem valeant emittere dextræ
Illis dißimiles, & nostro tempore natæ,
Nam genus hoc viuo iam decrescebat Homero.
Terra malos homines nunc educat, atque pusillos.

Pour verifier & fortifier dauantage ceste diminution & decroissemét des corps humains, nous en auons vne fort belle authorité remarquable au chap. 5. du liure 4. d'Esdras. *Interroga eam quæ parit, quare quos peperisti nunc, non sunt similes his, qui ante te, sed minores statura, & dicet tibi, alij sunt qui in iuuentute virtutis nati sunt, & alij qui sub tempora senectutis deficiente matrice sunt nati: considera ergo & tu, quoniam minori statura estis præhis, qui ante vos, & qui post vos, minori quàm vos: quasi iam senescentes creaturæ, & fortitudinem iuuentutis prætereuntes.*

Mais non seulement la nature des hommes est diminuée, mais toutes les choses du monde vont en amoindrissant, si nous cryons Virgile.

Vidi lecta diu & multo spectata labore
Degenerare tamen, ni vis humana quotannis
Maxima quæque manu legeret, sic omnia fatis
In peius ruere, ac retrò sublapsa referri.

Les Philosophes Epicuriens maintiennent que

le monde va tousiours vieillissant, la force des elements se consommant petit à petit, qui faict que tous les animaux amoindrissent.

Iamque adeò effœta est atas, effœtaque tellus
Vix animalia parua creat, quæ cuncta creauit
Sæcla, deditque ferarum ingentia corporá partus.
Iamque caput quaßans grandis suspirat arator,
Crebrius incaßum magnum cecidiße laborem;
Et cum tempora temporibus præsentia confert
Præteritis, laudat fortunas sæpè parentum.

Mais ceste raison des Epicuriens est du tout friuole. Car si le monde alloit tousiours vieillissant il ne deuroit plus engendrer; dautant que la vieilleße se recognoist par la sterilité & priuation d'engendrer, non par la petiteße des animaux. Si cela estoit veritable aux hómes, pourquoy ne se remarqueroit-il point aux animaux & aux plantes. Car les animaux estans destinez pour l'vsage de l'homme, si les hommes estoiét plus grands de deux pieds il y a deux mil ans, il faudroit de neceßité que les animaux le fussent. Nous lisons dans Tite-Liue liure 1. decad. 1. que chez les Sabins nasquit vne vache d'vne grandeur exceßiue, qui fut cause que ses cornes furent attachees sur le portique du Temple de Diane par merueille. Or ces monstruositez & grandeurs enormes parmy les animaux sont fort rares.

Aristote liure 1. des Meteores confeße que la terre peut vieillir, mais qu'elle r'aieunit par apres, c'est à dire qu'elle se laße de porter & fructifier: que si on la laiße reposer, elle prend nouuelles forces pour rapporter dauantage. Tellement que la vieilleſſe de la terre eſt bien differente de celle des animaux. L'autheur du liure du Monde, ſoit Ariſtote ou Theophraſte, maintient que la terre ne vieillit point, pour quelque mutation qui arriue par tremblement, inondation, ou aduſtion, & que cela ne peut eſtre qu'en certains endroits, non pas en tout le corps de la terre comme aux hommes.

Les Stoiciens ſont d'vn autre aduis, diſans que le monde approchant de l'ecpyroſe ou embraſement vniuerſel, l'humeur radical des ſemences petit à petit ſe deſſeiche, qui faict que les corps des hommes & des autres animaux, deuiennent plus petits. Si cela eſt vray, nous deurions ſentir les hyuers tous les ans deuenir plus tiedes, le monde s'approchant touſiours de l'ecpyroſe; ce que nous ne reſſentons point. Ioint que le feu du Ciel & des Planettes n'eſt point deſtructeur, ains pluſtoſt conſeruateur & amplificateur des corps terreſtres. Dauantage la force de la ſemence ne depend point ſeulement du corps, mais d'vne vertu celeſte influente ſelon Ariſtote, laquelle ne ſe peut alterer, changer ny affoiblir par vne longue ſuitte de ſiecles, dautant que le Ciel par ſon mouuement circulaire eſt touſiours vniforme & ſemblable à ſoymeſme, & bien que la matiere de la ſemence fournie en plus grande ou petite quantité, ſoit le fondement de la generation, neantmoins elle eſt gouuernee par ſa forme qui eſt du tout cœleſte. Ioint que nous voyons des petits hommes eſtre engendrez de grandes perſonnes, & au contraire des petites perſonnes engendrer des grands hommes.

Partant il y a peu d'apparence de croire qu'il y ait eu des Geans, & que les hommes du temps paſſé ayent eſté de beaucoup plus grands que ceux d'auiourd'huy : car les hommes de ce téps deuroient eſtre de la quatrieſme partie plus petits que les premiers hômes. Or i'ay cy-deuant monſtré & prouué que les plus grands hommes du premier & ſecond Age, n'ont eſté plus hauts que de neuf à dix pieds.

Si nous conſultons les Philoſophes ſur ce ſubiet, ils nous enſeigneront qu'il n'y a point eu d'hommes de grandeur ſi enorme, qu'elle eſt deſcrite par les autheurs iuſques à 20. 30. & 40. pieds : car toutes choſes ſelon la forme ou ſelon la matiere, ont certaines bornes qu'ils ne peuuent outrepaſſer.

> *Eſt modus in rebus, ſunt certi denique fines,*
> *Quos vltrà citraque nequit conſiſtere rectum.*

Mais il faut confeſſer que ceſte borne ne conſiſte pas en vn certain point & degré, qu'elle a de l'eſtéduë plus ou moins côſequemmét qu'il peut y auoir des hommes plus ou moins grands, les vns que les autres, mais non pas d'vn double corps. Ce que nous reſmoigne Ariſtote. *Perficiendi cuiuſque animalis certa eſt magnitudo, tùm ad maius tùm verò ad minus, quem terminum non excedunt, vt vel maiora vel minora euadant. Sed in medio magnitudinis ſpatio exceſſum defectumque inter ſe capiunt, atque ita homo alius alio auctior eſt, & cætero-*

serorum quoduis animalium.

Ie dis dauantage, que l'accroiſſement ne depend pas de la matiere, ains de la forme, comme
demonſtre Ariſtote contre Empedocles. Or la
forme vegetante des ſemences, eſt telle qu'elle
eſtoit aux premiers ſiecles, partant s'il y auoit
eu des Geants, il s'en verroit encores à preſent,
car le ciel ne s'eſt point changé depuis ce temps
là, il a les meſmes influences, & la terre produict
les meſmes effects.

> *Non alios prima creſcentis origine mundi*
> *Illuxiſſe dies, aliumue habuiſſe tenorem*
> *Crediderim, ver illud erat, ver magnus agebat*
> *Orbis, & hybernis parcebant flatibus Euri.*

Lucrece ayant recité en ſon premier liure les
Geãts que l'antiquité fabuleuſe nous a deſcrits,
il s'eſtonne pourquoy la nature aujourd'huy ne
les produit plus.

> *Denique cur homines tantos natura creare*
> *Non potuit, pedibus per pontum qui vada poſſent*
> *Tranſire, & magnos manibus diuellere montes*
> *Multaque viuendo vitalia vincere ſacla.*

Magius apres auoir raconté pluſieurs hiſtoires
des Geants, en fin confeſſe que les hommes
du temps paſſé n'eſtoient pas plus grands que
ceux d'auiourd'huy, comme il ſe void dans les
anciens monumens d'Italie, par les armes, caſ-
ques & corſelets des anciens.

Mais conſiderez la prudence d'Homere, lequel apres auoir parlé des Geants nous aduertit,
que la grandeur d'vn homme beau & parfaict, eſt
de quatre coudees, la largeur d'vne coudee, có-

me le demonſtre & verifie tres-doctement Goropius Becanus en ſa Gigantomachie. Ce qui ſe
rapporte à Vitruue lequel à defini la iuſte grãdeur de l'homme eſtre de 6. pieds Romains.
Varron au recit d'Agellius eſcrit, que la plus grãde hauteur d'vn homme eſt de ſept pieds. Ce
que ledit Agellius aſſeure eſtre plus veritable,
que le recit du conteur Herodote, lors qu'il dit
au premier liure de ſes hiſtoires, le corps d'Oreſtes auoir eſté trouué dans terre long de 7. coudees.

Le Philoſophe Seneque ne peut croire qu'il
y ait eu des Geants, il dit en l'Epiſt. 59. *In rerum
natura quædam ſunt, quædam non ſunt, & hæc autem
quæ non ſunt, rerum natura complectitur, quæ animo
ſuccurrunt tanquam Centauri, Gigantes, & quidquid
aliud falſa cogitatione formatum, habere falſam imagi-
nem cœpit, quamuis non habeat ſubſtantiam.*

Quintilian taxe Zeuxis, d'auoir ſuiuy Homere peignant les hommes anciens plus grands
que ceux de ſon temps, *Zeuxis, dit-il, plus membris
corporis dedit, id amplius atque anguſtius ratus, atque
vt exiſtimant Homerum ſecutus, cui validiſſima quoque forma etiam in fœminis placet.* A quoy ſe rapporte Pline lequel apres auoir loué Zeuxis, le blaſ-
me d'auoir repreſenté en ſes tableaux, les hommes plus grands qu'il ne deuoit. *Deprehenditur tamen Zeuxis grandior in capitibus articuliſque.* Macrobe ne penſe pas qu'il y ait eu des Geants hõmes de grandeur exceſſiue. Il faut croire, dit-il,
que les Geants ont eſté vne nation impie, Athée,
qui ne cognoiſſoit pas les Dieux, & pource on a

creu que s'estant reuoltee de l'obeissance, elle à
voulu attaquer & chasser les Dieux de leur thros-
ne. On donne à ces Geants des pieds comme les
queues entortillees des Dragons, voulans par la
signifier qu'ils auoient l'esprit ny droict ny re-
leué, ains tousiours rampant contre terre. De
faict les anciens peignoient les Geants auec des
iambes crocheues, traisnat par derriere la queüe
d'vn serpent. Virgile parlant d'eux *in Æthna.*

  His natura sua est alue tenus, ima per orbes
    Squammeus intortos sinuat vestigia serpens.

L'Empereur Commodus appelloit Geants, les
hommes qui auoient les iambes crocheües &
renuersees; *Debiles,* ce dit Lampridius *in Commo-*
do, & eos qui ambulare non possent in Gigantum mo-
dum formauit, itaut à genibus de pannis & linteis quasi
dracones digerentur, eosdeque sagittis confecit. desirant
par ceste action imiter les prouesses d'Hercule,
lors qu'il extermina les Geäts : de faict quelques
vns tiennent que *gigas* est dit du mot grec
γάω, qui signifie marcher en escartant les iabes.

  Le Psalmiste Royal Dauid nous apprend au
pseaume 125. que les voyes & chemins des meschans sont tortues, & ainsi faut entendre ce passage des Prouerbes chap. 21. *Vir qui errauerit à via*
doctrinæ, in cætu Gigantum commorabitur, dans l'Escriture saincte le mot de Geant , se prend pour
vn homme puissant en quelque chose, comme
a la Genese, chap. 10. γίγας κύνηγος, *potens venator,*
nostre Maistre Hippocrate appelle Geants, les
grands personnages desquels les autres ne sça-
chät point l'origine & extraction, on feint venir

de la terre, γηγενεῖς ἡρακλεῖδαι.

Mais afin que l'on ne pense ce que i'ay rapporté des Geants n'estre pas probable ny rece-
uable, n'estant fondé que sur l'authorité des autheurs prophanes. Il se trouue des sçauans philosophes Chrestiens qui viuoient il y a plus de
1000. ou 1200. ans lesquels ont reprouué ceste
grandeur excessiue des Geants, entre autres
Origene tient le premier lieu, lequel est suiuy de
Philon le Iuif en son liure *de Gigantibus*, de Iosephe liure 1. de ses Antiquitez Iudaiques, de sainct
Cyrille liure 9. *aduersus Iulianum*. Tous ces grãds
personnages disent ynanimement, que les
Geants desquels parle l'Escriture Saincte, &
qu'on dit auoir esté au premier siecle, estoient
des hommes barbares, arrogans qui mesprisoiēt
la diuinité, vrays enfans de la terre: de fait Dieu
parlant par son Prophete Isaye il menace la
Iudee de la fureur des Medes & Perses *Gigantes
venient vt impleant furorem meum.*

Ciceron liure 1. de la diuination nous enseigne, que les Geants estoient d'vne telle nature,
*qui nec ratione animi quidquã sed pleraque viribus cor-
poris administrabant.* S. Augustin aduoüe que les
Geants sont venus par l'impieté & le desordre
qui s'est glissé parmy les hommes de ce temps,
auquel se sont esleuez des hommes arrogans
rebelles & factieux, qui est cause que Moyse nous
enseigne durant ce temps là, *corruptam suisse terram & iniquitate repletam.* Plutarque nous apprēd
en la vie de Theseus, que du temps d'Hercules
le siecle portoit des hommes qui en force de

bras, legereté de pieds & puissance vniuerselle
de la personne, surpassoient grandement l'ordinaire des autres , & ne se lassoient iamais pour
quelque trauail qu'ils prissent; mais ils n'em-
ployoient ces dons de nature à nulle chose hon-
neste ny profitable : ains prenoient plaisir à ou-
trager vilainement & arrogamment les autres,
comme si tout le fruict de leur force extraordinaire, eust consisté en cruauté & inhumanité
seulement, & à pouuoir tenir en subiection for-
cer, perdre & gaster tout ce qui tomboit en leurs
mains. Or de ces meschans hommes Hercule allant par le monde en ostoit & faisoit mourir autant qu'il en rencontroit, & à son exemple Theseus entreprit d'executer ce mesme dessein.

Ceste grandeur des Geants n'est qu'vne faus-
se supposition des Payens , pour preuuer leurs
extractions auoir quelque chose de diuinité, ou
bien excedant le commun. Car ils depeignoient
anciennement les Dieux de beaucoup plus grāds
que les hommes , ainsi Iuba Roy d'Afrique se
glorifioit d'estre descendu d'Hercules lors qu'il
fut en Lybie tuer le Geant Anteus. Tertulian *lib.*
de coronâ militis, nous apprend que les Payens faisoient les statues de leurs Dieux fort grandes,
croyant par là, augmenter & honorer dauantage leur diuinité. Tellement quand ils vouloiét
faire honneur à la memoire d'vn homme excellent, ils luy dressoient des statues & des tōbeaux
plus grands que l'ordinaire. Dans Homere Pallas donne à Vlisses par honneur, vn habillement
fort long, pour croistre son corps.

E iij

olli multiplicem ex humeris Tritonia Pallans
Componens, auxit corpus latamque iuuentam.

Curtius rapporte qu'Alexandre le Grand ayant
esté mesprisé par la Royne des Amazones Ta-
bestis , pour la petitesse de son corps , il com-
manda que par tous les endroicts où il passeroit,
on laissast des statues de sa personne plus grādes
qu'il n'estoit , qui est cause que nous voyons
maintenant les statues des Roys, & Empereurs
plus grandes que n'est la grandeur des hommes
de ce temps. Quintus frere de Ciceron eut en
la prouince qu'il auoit gouuerné par honneur
vne statue deux fois plus grāde que n'estoit son
corps, laquelle quād Cicerō eut veu. Mon frere,
ditil, en sa moytié estpl² grād, qu'il n'est en tout
son corps. *Frater meus dimidius, major est quā totus.*
De plus Macrobe nous certifie que les statues des
hommes illustres, estoiēt toufiours plus grādes,
que n'estoit le naturel du corps. Xenophon lib.
8. *Cyropediæ* nous apprend que les Perses estās
à la Cour du Roy, portoient vne longue robbe
trainante iufques aux talons , auec des souliers
faicts de telle façon, qu'ils pouuoient les rem-
plir pour les rehausser & paroistre plus grands
qu'ils n'estoient. Quand Virgile veut descrire
la beauté & l'excellence de quelqu'vn , il le depeint plus grand que les autres hommes.

——— *Sed cunctis altior ibat*
   Anchyses.
  Lib. 1. Æneides. ——— *Diuina Pharetram.*
Et humero gradiensque deas supereminet omnes.

Lib. 6. Æneid. parlant de Muséus.

Musæum ante omnes mediū, nam plurima turba
Huc habet, atque humeros ex tantē suspicit altis

De mesme la saincte Escriture parlant de Saül..
non erat vir pulchrior illo, quia ab humero sursum
eminebat.

C'est pourquoy les anciens Comediens se
grossissoient d'ordinaire le ventre de plusieurs
vestements, lors qu'ils representoient la personne de quelque Heros, & outre cela mon-
toient dessus des grandes eschasses afin de se
monstrer plus grands que l'ordinaire, & ainsi
deguisez pour se cacher reuestoient vne robbe qui traisnoit iusques à terre, ainsi que nous
l'apprend Iustin Martyr. D'autres en ce mesme
temps ont de mesme façon trompé la veüe de
ceux, ausquels ils faisoient accroire qu'ils estoiēt
Geants, & par l'enflure de leurs vestements &
par la hauteur de leurs pieds de bois, l'interprete
d'Aristophane exposant ce passage λωποδύτης τι
τὴν φύσιν après auoir cité l'authorité d'Eupolis,
de Thucidide, de Prinléus & de Philinus, dit par
l'authorité de Straton que Laispedias contrefai-
soit ses iambes de la mesme façon que ie viens
de dire. Ce quo tesmoigne Theopompus. ἐν
παγαισι qui dit pour ceste raison κατὰ σκελῶν ἐφο
ρεῖ τὸ ἱμάτιον.

Les Poëtes tiennent que Pluton ne donne
point vn sepulchre plus grand à l'vn qu'à l'autre
des corps, qu'ils disent habiter les champs Elisées
ainsi que remarque Theod. Marcille en ses
quotidianes sur Horace. Iuuenal dict que pour

receuoir le corps d'Alexandre ambitieux de cõquerir des nouueaux mondes, cinq pieds de terre suffiront.

Sufficit exciso defossa marmore terra
Quinque pedum fabricata domus, qua nobile corpus
Exigua requiescit humo.

Si nos premiers peres n'ont point esté Geáts, & qu'ils ne soient venus qu'aprés vne grande reuolution d'annees, il s'ensuit qu'ils n'estoient pas d'vne grandeur si excessiue, comme elle est figuree par quelques autheurs, *quia simile procreatur à simili.*

Que si les hommes du premier, second, & troisiesme aage eussent esté tous hauts de huict, neuf à dix pieds, les Histoires tant sacrees, que prophanes, n'eussent point parlé de certaines personnes, en pareille hauteur par admiration, comme d'vne chose extraordinaire.

Et pour monstrer clairement que les hommes de ce temps là n'estoient point tous Geants d'vne grandeur si enorme, c'est que dans l'Escriture saincte ils sont appellez Monstres, comme s'ils estoient par dessus l'ordre & le cours ordinaire de la nature. De faict les Geants sont rapportez par les autheurs entre les monstres qui surpassent la grandeur ordinaire.

Ie dis dauantage que la nature ne peut nullement patir, que les membres qu'elle destine à de certaines actions, croissent iusques à vn exces qui empesche la liberté de l'action, comme dit Aristote aux liures *de anima.* Car ces grands Colosses de Geants ne peuuent si bien se remuer &

manier que les autres hommes. Ce grand Geant Polypheme dans Virgile au. 3. des Æneides, allant se promener au riuage de la mer.

Trunca manum pinus regit, & vestigia firmat.

Le grand Geant que veid Scaliger à Milan estoit tousiours couché, ne se pouuant remuer aisement. L'Empereur Antonin comme remarque Iulius Capitolinus *fuit statura eleuata & decora, sed cum esset longus & senex, incuruareturque, tiliaceis tabulis in pectore positis fulciebatur, vt rectus incederet.* Hippocrate nous apprend lib. 2. *Aph. vlt.* que la grandeur du corps est bien seante à la ieunesse. Mais incommode à la vieillesse.

Il est escrit au Deuteronome chap. 7. *solus Og Rex Basan remansit de stirpe Gigantum.* Tellemẽt qu'apres Og la race des Geants s'est perdue, & a esté exterminee par les Israëlites, & le Prophete Baruch nous certifie qu'ils ont esté tous exterminez & mis à mort, depuis ce temps il ne se lit point dans les histoires tant sacrees que prophanes, qu'il y ait eu des Geants que du temps d'Auguste Cesar, que Gabbara fut amené de l'Arabie à Rome par merueilles, lequel n'auoit que neuf pieds & neuf onces, or en l'espace de ce temps la il peut y auoir enuiron 1000. ans. Ie demande où estoient les Geants.

Hippocrate qui a de son temps curieusement & exactement escrit de l'Anatomie laquelle il auoit appris sur les corps humains comme luy mesme le certifie, & lequel selon l'attestation qu'en donne Galien n'a rien laissé par escrit qu'il n'ait veu & obserué plusieurs fois, nous apprend

que les boyaux des hommes ont 13. coudees
que l'estomach ou vétricule en sa rondeur à cinq
palmes quand il est plein, ce qui conuient & se
trouue veritable aux boyaux des hommes de ce
temps. Soranus tres-excellent Anatomiste qui
viuoit deux cens ans deuant Galien, escrit que la
matrice depuis son fonds iusques à l'orifice ex-
terieur a vnze doigts de lōgueur, ce qui se trouue veritable és corps des femmes de ce temps.
Par là on peut cognoistre & iuger que la grandeur des hommes & des femmes, depuis deux
mil ans n'est point changee.

Par la quātité de la nourriture que les anciēs il
y à 2000. ans prenoiēt par iour, on peut cognoistre la grādeur & grosseur de leurs corps. Ie trouue
que deuāt Homere & du téps de Xerxes, & au téps
d'Hippocrate, la mesure ordinaire tant du pain
que de la viande, estoit pour chacun par iour, enuiron trois liures. Premierement en pain ils ne
mangeoient que deux liures & demie, que contenoit la mesure chœnix. Ce qui se prouue par
Homere en l'Odyssee 19. où Thelemachus fils
d'Vlysses dit, qu'il ne permettra que personne,
bien qu'il vienne d'estrange pays, mange de son
pain, lequel n'est pas trop pour luy.

Οὐ γὰρ ἄεργον ἀνέξομαι ὅς κεν ἐμῆς γε
Χοίνικος ἅπτηται, ἢ τηλόθεν εἰληλουθώς

Ceste mesure chœnix est celle des Hebrieux
Homer ou Komer, de laquelle Dieu commande
en l'Exode chap. 16. qu'on distribuast la manne
par iour à chacun des enfans d'Israël. Herodote
nous enseigne, que Xerxes pour entretenir de

nuorriture ceste grande armee qu'il conduisoit,
dōnoit par iour à chaque Soldat *tritici chœnicem*,
Hippocrate lib. 7. Epidemon parlāt d'Eritolaus
qui estoit malade, dit qu'il ne mangeoit par iour
que demie mesure de pain, qu'il prenoit le soir
tout à la fois. Or si le malade ne mangeoit que
dimidiam chœnicem, il est croyable que les hommes sains en prenoiēt vne fois autāt. Les Athletes qui estoient hommes forts & robustes, qui
mangeoient incessammēt pour maintenir leurs
forces, ne mangeoient par iour que *sesqui chœni-*
cem comme rapporte Theophraste lib. 8. hist.
plantarum cap. 7. Caton ne donnoit par iour en
hyuer aux ouuriers que *chœnicem panis*, en Esté,
dimidiam chœnicem. de la mesure d'vn chœnix à
Athenes on faisoit quatre pains, comme remarque le Scholiaste d'Aristophane, & chaque pain
ne contenoit que douze bouchees ou morceaux,

La viande que l'on prenoit auec le pain n'e-
stoit pas grande, car ils mangeoient des raues,
des oignons, des oliues, de la boullie, ou bien
du fromage. Pline nous certifie que les anciens
Romains pour toute saulse & friandise auec
leur pain, mangeoient du sel & du fromage. Les
anciens estoient plus sobres, & mangeoient
moins que les hommes des derniers siecles. La
luxure & gourmandise n'est venuë que durant
la splendeur de la Republique Romaine, & a
esté conseruée, & s'il faut dire augmentee iusques à nostre temps. Tellement que nous man-
geons deux fois plus que nos anciés peres, il y a

deux & trois mil ans, & encores qu'ils fuſſent
plus ſobres, ils n'eſtoient pour cela plus grands
que les hommes d'aujourd'huy.

De la nouuriture des anciens ie viens à la medecine, ie trouue que la doſe des plus violents
purgatifs, n'eſtoit point plus grande que celle
de noſtre temps. Hippocrate ordonne l'ellebore
noir du poids de cinq oboles, qui ſont enuiron
vne dragme, pour boire auec du vin doux. En
vn autre endroit dit qu'il en faut vſer a chaque
fois autant que l'on en peut prendre auec deux
doigts, & le faire infuſer auec du vin doux. Pour
chaſſer l'enfant mort il conſeille que l'on en
prēne auec trois doigts, & le mettre en poudre.
Dioſcoride conformement à Hipocrate dit
que la doſe de l'ellebore eſt vne dragme. Galiē
ſuit ceſte quantité, qui a eſté ſuiuie par les Ara-
bes : mais les derniers Grecs en ont ordonné
dauantage que noſtre Hippocrate, tellement
que ie ne puis approuuer l'opinion de Palladius
en ſon commentaire ſur le liure des fractures
d'Hippocrate, lors qu'il dit que les anciens du
temps d'Hippocrate eſtoient plus forts pour
ſupporter l'vſage de l'ellebore, en quoy il s'eſt
trompé fort lourdement: car Galien dit ſeulement qu'ils auoient certaines façons de prepa-
rer l'ellebore, pour l'adoucir & rendre tellemēt
purgatif, qu'en frottant la plante des pieds il
purgeoit. Pour ce qui eſt de l'vſage des pilules,
Galien ordonne ſes pilules, qui ſont auſſi fortes
que les noſtres, ſept pour chaque priſe de la
groſſeur d'vn pois chiche, chacun peſant deux

grains & demy , qui eſt enuiron vne dragme
pour chaque priſe. Nous voyons que la hauteur
des chambres & ſalles anciennement n'eſtoit
point differente de la haulteur de nos edifices,&
s'il y a de plus c'eſt aux noſtres , comme il appert
par la lecture de Vitruue , & le teſmoignage
qu'en a donne Iuuenal.

Ariſtote en ſes mechaniques chap. 25. donnant la meſure des lits dit qu'ils doibuent eſtre
de ſix pieds en longueur,& de quatre en largeur,
par la nous pouuons apprendre que les hommes du temps d'Ariſtote, n'eſtoient pas plus
grands que ceux d'aujourdhuy, dautant que nos
lits ſont de la meſme meſure. No⁹ remarquons
que la longueur des robbes traiſnantes contre
terre n'eſtoit pas plus longue que les noſtres.

Que les anneaux des doigts n'eſtoient point
plus grands & amples que les noſtres , comme
il ſe recognoiſt dans le liure dactyliotheca de
Gorleus. Le pied Romain il y a deux mil ans
n'eſtoit pas ſi grand que le noſtre , lequel eſtoit
pris ſur la meſure du pied d'vn homme parfait
& accomply.Partant ie pourrois affermer que
les hommes il y a deux mil ans,voire quatre &
cinq mil , & depuis la creation du monde n'ont
eſté plus grands que ceux d'auiourdhuy. Scaliger en l'exercitatiõ 263.ſe mocque de Cardã qui
fait eſtat des Geants , & en rapporte des hiſtoires comme choſe veritable,*quonam* , dit-il, *neue
ſeminio orti illi,ſi eorum & materia & forma à primo
homine deriuata eſt , neque enim quod in plantis ſit hu-
mano generi poſſui euenire, vt cæli benignitate,ſoli v-*

bertate plus alimenti suppeditaretur. Contrarium qui-
dem contingere videmus, vt ex proceris parentibus fi-
lii pumili nascantur: quippe natura impedimenta &
defectiones inpedimento sunt, at ad incrementa non-
nisi per multas causas promouemur. Vn sçauant Medecin de deux Imperatrices nommé Ioannes
Goropius Becanus, a escrit vn petit traicté ex-
pres contre l'abus des Geants, qu'il a intitulé
Gigantomachie, on le trouuera dans son grand
liure inscrit Origines Antuerpianæ.

QV'EN TOVTE L'ASIE LES
hommes n'ont point esté plus grands
que ceux de l'Enrope.

CHAP. 13.

E lieu de la naissance sert beaucoup
pour l'habitude & grandeur du corps
Quippe selo natura subest: Porphyre
nous enseigne que le lieu est la principale cause de la generation, aussi
bien que le pere, ce que interprere Scotus de la
cause coadiuuante & conseruante. Aristote n'a
pas ignoré ceste Philosophie, liure 5. de l'histoire des animaux chap. 11. non seulement pour les
plantes, mais aussi pour les poissons, & qua-
drupedes, le lieu de la naissance est cause de la lõ-
geur, habitude, & force du corps. Nous voyons, dit il, en Ægypte quelques animaux estre

plus gr͂ads qu'en Grece, c͂ome le bœuf & la brebis
d'autres estre plus petits c͂ome les chi͂es, lieures,
& renards d'autres estre de semblable grandeur
en tous les deux lieux, comme les cheures &
corneilles, ce quon attribue à la nouriture qui
est differente, comme il explique fort au long.
Mais par apres il adiouste *tum etiam in multis lo-*
cis crasis, id est cœli & situs conditio causa est, vt in
terra Jllyrica, & Thracia, & in Epiro asini parui
habentur, & in Scythica & Gallica nulli propter
immodicum frigus. Il faut maintenant sçauoir si
les hommes sont plus grands aux païs chaulds,
c͂omme est l'Ægypte & l'Ethiopie, où ont demeuré les premiers h͂omes, qu'aux lieux froids:
Hippocrate lib. *de aere aquis & locis*, escrit qu'en
Asie, principalement en Ægypte, les animaux
sont plus grands & robustes, mesmes les hommes qu'en l'Europe, à cause de la bonne temperature & douceur de l'air, pour ceste raison
Herodote asseure que les Ægyptiens apres les
Lybiens, sont les plus sains du monde, d'autant
que l'air en ces pays là ne se change point, est
tousiours esgal & de mesme temperature. Arria-
nus lib. *de gestis Alexandri*, escrit que les Asiens
d'ordinaire sont fort hauts ayant cinq coudées
où enuiron en longueur de corps. Aristote a
creu qu'aux regions chaudes les animaux estoi͂et
plus grands qu'aux froides; neantmoins il a esté
contredit par de grands personnages, Ptolomee,
Vitruue, qui maintiennent qu'aux pays froids
les hommes & animaux sont plus grands qu'aux
regions chaudes. Pline soustient le party d'Ari-

ſtote, præcipue, inquit, Jndia, Æthiopumque tractus monſtris ſcateant, maxima in India gignuntur animalia, indices ſunt canes grandiores cæteris. Vn peu apres, *Oneſicritus, quibus in locis Jndiæ vmbræ non ſunt, corpora hominum cubitorum quinum, & binorum palmorum exiſtere,* trois lignes apres. *Trogloditas ſuper Æthiopiam veleciores eſſe equis Pergamenus Crates, item Æthiopas octaua cubiti longitudine excedere.*

I'accorde qu'en Æthiopie & en Ægypte les hómes ſont fort grands & puiſſants , ce ſont deux pays fort peu diſtants , bien que l'vn ſoit plus chaud que l'autre , tous deux neantmoins ſont compris ſous le nom d'Ægypte par les anciens autheurs , en l'Æthiopie les hommes ſont les plus grands de la terre ſelon Herodote, ils eſliſoient pour Roy celuy d'entr'eux qui eſtoit le plus grand. Or ces hommes là ne pouuoiét auoir plus de cinq coudees, d'autát que les deux Seſoſtris n'ont ſurpaſſé ceſte hauteur. Ioinct que Herodote liure 9. par admiration rapporte qu'en la deſconfiture des Perſans au champ des Plateens on trouua les os d'vn homme de cinq coudees. Ce qui me fait croire que ceſte grandeur n'eſtoit pas ordinaire. Strabon tout au contraire recite qu'en Æthiopie à cauſe de la chaleur, les animaux ſont plus petits qu'en aucun lieu du monde. Ariſtote aduoue qu'aux pays froids auſſi bien qu'aux chauds les animaux ſont fort grands , en l'vn à cauſe de l'humidité, en l'autre par la force de la chaleur, ce qui eſt confirmé par Pline qui dit elegamment parlant de l'Æthiopie & de la Scythie *corporum proceritatem vtrobique, illic ignium*
niſu,

nisu, hic humoris alimento. Hippocrate confesse
que les animaux aux pays froids, sont plus petits
qu'aux regions chaudes, mais il ne parle point
des hommes. Car il est tres-certain que les animaux qui croissent sur la terre aux pays froids, ne
sont pas si grands qu'aux pays chauds , comme
Aristote le demonstre en plusieurs endroicts de
son histoire des animaux , mais il n'est pas ainsi
des hommes : Car ils sont aussi grands ou plus
grands aux regions froides, qu'en celles qui sont
chaudes.

Cæsar en ses Cõmentaires escrit que les Romains
feurẽt mesprisez par les Gaulois à cause de la peti
tesse de leur corps, au cõtraire Iustinian l'Empe
reur, ce dit Procopi⁹, admira la grãdeur des Gots.

Et stupefacta suos inter Germania partus.   Mãlius l.4.

IL NE S'ENSVIT PAS QVE SI
la vie des premiers hommes a esté
plus longue, que la grandeur
du corps l'ait esté.

CHAP. 14.

S I les hõmes du premier age ont vescu trois & quatre fois plus lõg-téps
que nous ne viuons maintenant, ce
n'est pas vne consequẽce necessaire
que leurs corps ayent esté plus grands & puissants que les nostres. Il'aduoue & confesse que

nos premiers peres incontinent apres la naissance du monde, viuoient six, huict, & neuf cēt ans.
Adam à vescu 930. annees. Seth 912. Enoch 905.
Cain 910. Taredon 960. Matheusalen 969. cō-
me il est escrit en la Genese. Zuingerus volume
2. liure 3. de son Theatre de la vie humaine rapporte vne infinité d'histoires depuis la naissance
du mōde iusques à nostre siecle, de ceux qui ont
vescu 200. 300. & 400. ans. Ceste lōgueur de tēps
doit estre mesuree par les ans solaires, non par
les mois lunaires selon nostre supputation ordinaire, comme a demonstré Pierre Messie en ses
diuerses leçons, Pererius *comment in Genesim, Tor-*
niellus in Annalib. sacris, où il apporte sept raisons
de ceste longue vie, que Dieu auoit donné à nos
premiers peres, Ioseph estime que c'estoit pour
multiplier le gēre humain, & cōduire les arts &
sciēces à leur perfectiō. Car il dit qu'il faut six cēt
ans pour obseruer la reuolution des Astres, qui
font le tour de la grande annee qui s'accomplit
en six cent ans, ceste lōgueur de vie n'a pas cor-
tinué apres la deluge. Car Dieu depuis ce temps
là a borné la vie de l'homme, à 120. ans. *Non per-*
manebit spiritus meus in homine in æternum, quia caro
est, eruntque dies illi centum viginti annorum. cap. 6.
Geneseos. Ce qui est confirmé par le Prophete
Dauid au psal. 89. où il racourcit la vie de l'homme à 70. ans pour l'ordinaire, à 80. pour les ri-
ches qui viuent à leur aise, par de-là ce n'est
que misere & calamité. Neantmoins il s'est veu
depuis le Deluge iusques à nostre temps, des
hommes qui ont vescu trois & quatre siecles.
François Aluares raconte que l'an 1519. il veid

Marc Abuna le grand Pontife d'Ethiopie, lequel auoit passé 150. ans, &ne paroissoit aucunement vieil. Pierre Maffee certifie que l'an 1536. en Bégala aux Indes Oriétales le Preuost auoit 300. ans, lequel estoit r'ajeuny & renouuellé par trois fois, il auoit vn fils agé de 90. ans. Lopez de Castagneda asseure auoir veu aux Indes vn Ethiopien fort agé , qui estoit r'ajeuny par trois fois. Torquemada en raconte plusieurs histoires au liure premier des fleurs curieuses. Herodote nous apprend que les Ethiopiens viuoient long-temps, mais il en attribue la cause à l'eau d'vne fontaine qu'ils beuuoient. Aristote sect. 16. de ses problemes, maintient qu'aux pays chauds, les hommes viuent plus long-temps qu'aux pays froids, par les pays chauds il entend l'Ethiopie, par les pays froids la Scythie, opposant l'vn à l'autre. Mais ce n'est pas seulement aux pays chauds que les hômes viuent longuement , cela se void aussi aux pays froids, pres du pol Arctique. Les peuples Hyperborees viuent iusques à 1000. ans, sans aucune incommodité de vieillesse, & lassez de viure se precipitent pour se faire mourir. Les peuples Septentrionaux viuent d'ordinaire 150. ans & dauantage , au rapport d'Olaus Magnus. Auicenne soustient que les hommes viuent plus long-temps aux regions froides qu'aux chaudes. Albert le grand est de mesme aduis. Hippocrate en a prononcé l'arrest parlant des peuples Septentrionaux, *longæuos magis quàm alios homines esse par est.* Nous voyons encores auiourd'huy des hômmes qui vont iusques à cent ans, & les sur-

paſſent. Louys Cornare Senateur Venitien eſtoſt
fort maladif, neantmoins par vn bon regime eſt
paruenu iuſques à cent ans auec l'eſprit ſain , le
corps robuſte pour monter à cheual, & courre
le cerf à la chaſſe, comme luy meſme le teſmoigne en ſa vie qu'il à compoſee en l'age de quatre vingts dix ans, auquel il faiſoit tous ces exer-
cices. Ce n'eſt pas vne conſequence neceſſaire,
que la grandeur du corps ſoit proportionnee à
la longueur de la vie, la Corneille vit plus long-
temps que l'homme, & toutesfois eſt plus petite
vingt fois que l'homme. Ioinct qu'il n'eſt pas neceſſaire qu'en vn grand corps il y ait plus d'humidité radicale , pour nourrir & entretenir la
chaleur naturelle , afin de viure plus long-
temps; Car il eſt tres-certain que les grands hômes, ne durent pas ſi long-temps que les autres.
Hippocrate nous l'enſeigne par l'aphoriſme 34.
du liure 2. *qui natura ſunt valde craſſi, breuioris vitæ
ſunt, quã qui graciles.* Plotin en l'Enneade 6. chap. 6
remarque entre les corps animez que ceux qui
ont moins de matiere, ſont plus agiles & actifs,
auec vne plus grande & longue viuacité. Ce que
l'on peut verifier par exemples. Le fils d'Euthi-
menes eſtant creu de trois coudees en trois ans,
eſtoit peſant au marcher, lourd d'eſprit, paroiſſoit en l'aage de puberté auec vne voix forte, &
trois ans apres mourut. Le meſme eſt arriué
au fils de Cornelius Tacitus Cheualier Romain, excepté qu'il ne monſtroit point auoir
l'age de puberté. Ce grand Geant deſſous
le regne de Theodoſe qui auoit de longueur
cinq coudees & vne palme, ayant les iambes cre-

chues & fort racourcies ne vefcut que 25. ans
au rapport de Nicephore liure 12. chap. 37. Le
mefme Nicephore *hift. Romanæ lib. 11. cap. 8.* rapporte qu'vn enfant né à Traianopolis, la troifiefme annee de fa vie paroiffoit auffi grand qu'vn
homme de 25. ans, mangeoit & auoit la force du
mefme age, mais cet enfant trouua la fin de fa
vie au bout de fa troifiefme annee. Seneque *lib.
de Confolatione ad Marciam* chap. 23. rapporte de
Fabianus *quod noftri quoque parentes videre puerum
Romæ fuiſſe ftatura ingentis viri, & moriturum breui,
nemo non prudens duxit; non poterat enim ad illam æta-
tem peruenire quam præceperat.* Goropius affeure
auoir cogneu plufieurs perfonnes fort grandes:
mais pas vne eftre paruenue à la vieilleffe. Platerus recite en fes obferuations qu'il luy fut mon-
ftré l'an 1565. au bourg d'Arnon de la Seigneurie
de Bafle, vne fille de cinq ans, qui eftoit auffi grãde & plus groffe que pas vne femme fort anciẽ-
ne. Sa ceinture embraffoit le corps de deux hõmes ioincts enfemble, elle auoit les iambes plus
groffes que les cuiffes d'vn homme de ce temps:
mais la pauure fille mourut vn peu apres que ledit Platerus l'eut veuë. Ie fçay qu'Ariftote a laif-
fé par efcrit, que les animaux & les plãtes qui font
plus grands, ordinairement viuent plus long-
temps, d'autant qu'ils ont plus d'humidité radicale, ce qui femble eftre confirmé par Hippocrate *quæ augefcunt plurimum habent calidi innati,*
mais cefte humidité radicale, ne peut fe cõferuer
& entretenir fi commodément aux pays extremement chauds, pres la zone torride, en Ægy-

pte,& principalement en Æthiopie,comme elle
feroit aux regions mediocrement froides; d'autant qu'vne grande chaleur defleiche & confu-
me l'humidité radicale, qui fe conferue& maintient auec vne chaleur temperee,telle que nous
reffentons en la France.Ce n'eft pas fimplement
l'abondance de l'humidité & chaleur qui donne la longueur de la vie au corps humain. Il faut
que la chaleur foit temperee & l'humidité vif-
queufe aeree,ce qu'eftant en l'homme de meil-
leure forte qu'aux animaux,il vit plus lóng-téps
que le bœuf & le cheual. On pourroit demon-
ftrer par l'authorité de Galien que les grands hómes n'ont pas le meilleur temperament, qui eft
requis pour viure longuement, d'autant que le
corps pour eftre bien temperé, doit auoir vne
commoderation & fymmetrie en la grãdeur du
corps felon l'efpece,comme le preuue Cardan.
Car fi le corps eft plus grand, il fera plus cha-
nu, s'il a plus de chair il aura plus de chaleur,
& quand il auroit de la chaleur à proportion de
la chair,fi eft-ce qu'il fera toufiours intemperé.
Valefius fait vne queftion en fes conrrouerfes,
fi vn corps bien temperé comme veut Hippocrate,que foient ceux d'Afie,ha les funétions du
corps & de l'efprit plus parfaictes, en fin il con-
clud par le texte d'Hippocrate,que telles perfonnes n'ayant point le courage viril, la perfe-
uerance au trauail,n'ont point le temperament
plus excellent,que ceux d'vne autre region.Par-
tãt les Afiens & principalemét les Ægyptiés defquels entend par Hippocrate ne font point
de plus longue duree que les autres peuples.

L'HISTOIRE DV ROY

Theutobochus, extraicte d'vn petit liure intitulé Gigantostologie , dressé par vn Chirurgien Anatomiste, qui auoit diligemment examiné les os.

CHAP. 15.

L E Vendredy vnziesme iour de Ianuier 1613. sur la terre du Seigneur de Langon Gentil-homme Dauphinois, fut trouué proche les mazures du Chasteau de Chaumont , entre les villes de Montrigaut, de Serre , & de S. Anthoine, par les massons dudit sieur , en vne sablonniere de la profondeur de dix-huict pieds, vn sepulchre fait de brique, en ses quatre parties bien cimenté, ayant 30. pieds de longueur, 12. de largeur, & 8. de profondeur , en comptant le chapiteau , au milieu duquel estoit vne pierre grise, ou estoit graué l'Epitaphe *Theutobochus Rex.*

Ce tombeau ouuert, on veid vn scelet, c'est à dire les ossemens humains secs, se touchans les vns aux autres, de vingt-cinq pieds & demy de longueur, dix de largeur à l'endroict des espau-

iiij

les , & cinq de profondeur depuis le dos iufques
au brichet. Premier que leuer pas vn os on obferua la mefure de la Tefte, laquelle au oit cinq
pieds en longueur, & dix en rondeur, la maschoire inferieure auoit de tour depuis fes conion-
étions fix pieds, les Orbites ou logettes des yeux
auoient chacune fept pouces de tour , ou de
grandeur d'vne moyenne affiette. Chacune Clauicule auoit quatre pieds de longueur. Lefquels
offements apres auoir fenty l'air depuis huiét
heure du matin iufques à fix heures du foir,
fe mirent en poudre : excepté ceux qui ont
efté expofez , auec quelques autres gros offements qui ont refté de par - delà , lefquels
vne fource d'eau lauoit, & conuroit de fable,
qui eftoit attaché & endurcy fur iceux , eftant
caufe de la petrification & ruption.

Or de tous les os de Theutobochus il n'en
appert que dix, à fçauoir deux pieces de la mafchoire inferieure, deux Vertebres, portion d'vne
Cofte, vn col d'Omoplate feneftre , la tefte du
Bras, la Tefte de la Cuiffe, la Cuiffe. la Iambe,
l'Aftragale, & le Talon, le tout du cofté feneftre.

Il faut maintenant fçauoir fi les parties qui
ont efté expofees tiennent de la nature des os,
puis ayant prouué que ce font os , s'ils font os
humains. Le Chirurgien pour fçauoir fi les parties expofees font os, les doit examiner par la
theorique de fon art, il cognoiftra l'os par fa té-
perature, confiftence & conformation. Car par
la temperature on iuge de la fubftance de l'os,
qui le faiét diftinguer de toutes les autres fub-

ſtances. Par la conſiſtence l'os eſt diſtingué, ſur-
paſſant par ſa dureté le reſte des autres parties
dures. La conformation fait recognoiſtre vn os
eſtre vrayemét tel, quãd en ſa ſuperficie il a vne
lame liſſe & polie exterieurement, & interieurement; & qu'entre ces deux tables ſont contenues pluſieurs fibres, creux, & porroſitez ſembla
bles à vne pierre ponce, toutes leſquelles marques ſont treſbien recogneues és os de noſtre
Geant. Car ils ſont ſecs ainſi qu'il ſe manifeſte
par leur couleur blanche & griſe, ils ſont pe-
ſants à cauſe de la frigidité & terreſtrité, ils ſont
durs à cauſe de leur condenſation, ils ſont liſſez
& polis tant par dehors, de peur d'offenſer les
autres parties ſimilaires qui les touchent, que
par dedans pour euiter la douleur de la petite
membrane qui couure la mouelle, ils ſont ſpon-
gieux pour contenir leur humeur alimentaire,
& fibreux pour attirer & retenir l'aliment &
chaſſer l'excrement qui prouient de leur nourriture, qui ſont les vrays caracteres qui font di-
ſtinguer l'os d'auec tout l'artifice qu'on pourroit iuger y auoir eſté apporté.

Mais il faut penetrer plus auant, & ſonder ſi
ces os ſont humains; & pource il faut remarquer
qu'encore que la nature de tous les os ſoit ſper-
matique, dure & ſeiche, ſi eſt-ce qu'ils ſont dif-
ferés entr'eux de leur cóformatió. Car tout ainſi
que chacune eſpece d'animal eſt differéte en ſoy
auſſi les os de l'hóme ſont ils differends d'auec
tous les os des autres animaux. Ce qui ſe reco
gnoiſt par icelle cóformation, qui eſt en l'hom-

me particuliere &ſeparee de tous les autres animaux. Cela eſtant , ie paſſeray à la deſcription
particuliere de chacun os expoſé.

De la maſchoire de noſtre Geant il nous appert ſeulement deux morceaux , à ſçauoir vn
morceau plus petit du coſté droiɛt, peſant ſix liures, & vn autre plus grand morceau du coſté
gauche, peſant douze liures.

Pour ce qui eſt des dents, il ne s'en void que
trois entieres, à ſçauoir deux molaires ſituees au
petit morceau de la maſchoire , duquel nous
auons parlé eſtre du coſté droiɛt , auec la place
de deux dents qui paroiſſent auoir eſté rompues,
& vne autre dent entiere au plus gros morceau
de la maſchoire ſeneſtre, auec tois qui demon-
ſtrent auoir eſté caſſees ; ayant chacune dent
quatre racines bien ſeparees de leurs alueoles ou
augets , eſtant chacune dent de la groſſeur du
pied d'vn petit taureau, quaſi petrifiee, & en couleur ſemblable au caillou de fuſil. Ne vous eſtó-
nez de ceſte groſſeur, car la dent que veid S. Auguſtin ſur le bord du port d'Vtique eſtoit bien
d'autre groſſeur, & encore bien dauantage celle
que me feit voir le premier iour du mois
d'Aouſt preſente annee, le Sire Baron marchãd
Mercier, demeurant pres l'enſeigne du Chaſteau de Milan, au bout du pont S. Michel, ceſte dent eſt la derniere molaire du coſté ſeneſtre
peſant quatre liures quatre onces, elle a vn pied
de longueur, huiɛt pouces de largeur , & trois
pouces & demy d'eſpaiſſeur; qui nous fait voir
que celuy qui a porté vne telle dent, eſtoit bien

autre en grandeur que celuy dont ie parle en ce
difcours.

De vingt-quatre rouelles qui compofent l'efchine, il n'appert que deux vertebres de noftre
Geant, dôt l'vne ha le corps de la grãdeur d'vne
moyéne affiette, ayãt trois doigts d'efpaiffeur, &
fon trou medullaire à paffer vn mediocre poing;
les apophyfes tãt obliques, trãfuerfes, que droi-
ctes paroiffent pãcher côtre bas, auec deux trous
à la racine des tranfuerfes, qui demonftre eftre
vne vertebre du col, quand à l'autre vertebre
qui eft beaucoup plüs grande, il ne fe peut dire
de quelle partie de l'efchine elle eft, d'autant
qu'elle n'a point de trous ny apophyfes, mais
bien fe remarque-il à cofté de fon plat, deux cauitez glenoides ou enfonfures, & des parties laterales deux tres-belles fciffures, par où paffoiét
de forts & robuftes ligaments.

Des Coftes de noftre Geant ne refte qu'vn
morceau de la partie moyenne de l'vne de fes
Coftes, lequel a de longueur fix pouces, de largeur quatre pouces, d'efpaiffeur deux pouces.

L'Omoplate n'eftant point entiere, ie me
contenterai feulement d'examiner ce qui en ap-
paroift, fçauoir eft la partie anterieure du trian-
gle d'icelle Omoplate, qui eft fon col; où eft fort
bien remarqué le glene ou cauité qui reçoit l'os
du bras, eftant icelle cauité aucunement ouale,
portant enuiron 12. pouces en longueur, huict
en largeur, & 2. en profondeur. Outre fe voyent
fort bien les fourcils de cefte cauité, qui eft mer-
ueilleufement bien polie, eftãt au refte la partie

exterieure dudit col gibbe, l'interieure encauee, la superieure donnant commencement à la coste, qui va faire l'angle superieur, & l'inferieure donnant origine à la ligne qui va faire l'angle inferieur, se terminant a la base qui est la troisiesme ligne de l'angle parfaict.

En l'os du Bras se void tant l'epiphyse, que les deux apophyses, qui font la teste de l'os du bras, diuisees par vne tresbelle scissure, non moindre qu'a loger vn moyen gallemart d'escritoire, par où passoit vne des testes du muscle biceps, l'vn des flechisseurs du coude. Toute ceste teste d'os ensemble, n'est moins grosse qu'vne moyenne teste d'homme, estant lissee & addoucie en venant vers le col de l'humerus. De fait qu'ayant fait placer ceste teste d'os dedans le glene, ou cauité du col de l'Omoplate, apparut vne tresbelle conionction arthrodiale.

La teste de l'os femur porte en sa dimension la grandeur de la plus grosse teste d'homme qui soit à present, estant au reste tresbien proportiõnee à la suitte des autres os, & ce qui est admirable outre la grosseur & polissure, est le trou situé au milieu de ceste teste de la grosseur du pouce, qui receuoit le propre ligament qui la ioignoit dedans la cauité de l'ilchion ou boete de la hanche, afin de la lier fermement auec ce grand corps, elle est vn petit esbrechee, mais cela n'empesche le iugement que l'on peut faire de la verité, qui est vne vraye teste d'os femur. Apres la teste du femur suit son col, au deuant & au derriere duquel, doiuent estre situees les deux apophyses Trochanters, lesquels mãquent à noſtre Geant, à cauſe de la ruption qui en a eſté faicte, d'autant que c'eſt l'endroict le plus foible de l'os femur, mais ce qui nous fait iuger qu'elles ont eſté, c'eſt l'admirable conformité de cet os, ayant cinq pieds & demy de hauteur, & trois de largeur. Au deſſous où eſtoient leſdits trochanters vn pied & demy en ſa partie moyenne, & deux pieds en ſa partie inferieure proche les deux condyles, leſquels ſont ſeparez par vne admirable fiſſure, où eſtoit receuë l'eminence moyenne de l'os tibia.

La iambe a deux os, le plus grand appellé Tibia, & l'autre plus petit nommé Perone. Or de la iambe de noſtre Geánt, il n'apparoiſt ſeulemẽt que l'os Tibia, lequel a deux merueilleuſes epiphyſes en ſa partie ſuperieure, où ſont grauees les deux cauitez glenoides, qui reçoiuent les deux condyles de l'os femur. Mais la partie inferieure dudit os tibia n'eſt pas moins admirable à l'endroict qui faiſoit le malleole ou la cheuille du pied. Car en ce lieu ſe void le glene où ſe logeoit l'aſtragale ou premier os du tarſe. La largeur de la partie inferieure d'iceluy tibia, ha plus de deux pieds de tour, la longueur pres de quatre pieds.

La Rotule manque, bien eſt il vray que ſa place eſt treſbien grauee tant au femur qu'au tibia, où elle faiſoit partie du genouil.

Des os du pied de noſtre Geant n'en reſtent que deux des plus gros & plus beaux, à ſçauoir l'Aſtragale qui eſt admirable en ſa groſſeur &

conformation, le second est le Talon, contre lequel en sa parie anterieure ont esté ioincts le Nauiculaire & le Cubiforme, lesquels deux derniers os n'auons de nostre Geant, ains seulemēt le lieu où ils ont fait la Synarthrose. Ce qui me fait conclurre par la substance & conformité de ces deux os du pied, les autres os estre vrayemēt des os humains, d'autant que nul animal en possede de tels.

Partant ie passeray à la derniere question, Si les os dont nous auons parlé sont les os du Roy Theutobochus. Que ce les sont, l'authorité, la raison, & l'experiēce nous le doiuēt faire croire. Osorius autheur digne de foy nous asseure Teutobochus auoir esté en Dauphiné Roy & conducteur d'vne signalee armee, qui n'auoit pas moindre intention sinon d'empieter l'Empire Romain, au moyen des Cimbres, Theuthons & Ambrosiens, surpassant le nombre de plus de sept cent mille combattās. Iulius Florus parlant de la guerre contre les Cymbres Theutons & ceux de Zurich, nous asseure le Roy Teutobochus auoir esté, quād il dit que ce peuple ayāt esté chassé par l'inōdation de l'Occean hors de leurs pays des Espagnes, & de la France, se voulurent ietter en l'Italie, mais auparauant enuoyerent des Ambassadeurs au camp de Syllanus, qui estoit en Dauphiné, & de là au Senat, requerans que le peuple Romain leur donnast lieu pour habiter, & qu'en recompense il se seruir d'eux, leur requeste estant refusee, ils se resolurent poursuiure par armes, ce qu'ils n'auoiēt

peu obtenir par prieres : & de fait ils firent vn tel
effort, que Syllanus ne le peut souftenir, Mal-
lius le fupporter, ny Cœpius le repouffer. Car
tous trois furent mis en route, & chaffez de leur
camp. Bref tout eftoir perdu fans Marius, qui y
mit la main, lequel eftãt arriue auec fon armee,
ne voulut de prime abbord les attaquer, ains re-
trancha fon armee & leur laiffa rõger leur frein,
tant pour les recognoiftre, que pour appriuoifer
ces gens, il temporifa tellement, que les enne-
mis furent contraincts de feparer leur armee en
trois , dont la premiere & principale partie de
l'armee Theutonienne de trois cens mille cõ-
battans, demeura à la conduicte de Teutobochus, lequel s'alla loger entre le Rofne & la Ly-
fere fur le bord du ruiffeau de Galore : de forte
que Marius fut cõtrainct de fe loger en vn quartier fort fterile, où ayant demeuré quelque téps,
les foldats de Marius eurét telle ñeceffite d'eau,
qu'ils furent contraincts de luy en demander.
Lequel leur dict que s'ils eftoient braues gens,
qu'ils en iroient querir là, leur monftrant la riuiere fur le bord de laquelle eftoit campé Teutobochus. Or la vertu de Marius eftant aiguil-
lonnee tant par la neceffité de l'eau, que par vne
diuifion de l'armee ennemie, aprés auoir exhor-
té fes gens, combattirent auec vne ardeur fi vé-
hemente, que la riuiere de Galore fut teinte de
fang du carnage de deux cent mille Theutons
tuez, & quatre vingts mille prifonñiers, qui cau-
fa que les foldats Romains eftans alterez beurét
autant de fang que d'eau, & fut la charge fi vio-

lente, & la desroute si estrange, que le Roy Teutobochus ne trouuant son char attelé de ses
cheuaux s'enfuit, & fut contraict de faire retrai-
cte dedans les bois ou forests du Plot, là où Marius le suiuit esperant le prendre pour seruir à
son triomphe, comme il auoit fait de Iugurtha
gendre de Bocchus. Ce qu'il ne peut faire à cause des playes qu'il eut au combat, qui le contrai-
gnirent rendre les abbois de la mort. Ce person-
nage estoit tellement grãd qu'il paroissoit beaucoup plus haut que les arbres, ausquels on auoit
attaché les trophees.

Et d'autant que les authoritez sans raison ont
bien peu de lustre, à ceste occasion il faut monstrer par viues raisons, que les os de nostre Geant
sont les os du Roy Teutobochus. La premiere
est, que Marius ayant vaincu les Theutons, &
leur chef mort, se contenta d'ordonner son sepulchre. La seconde, Marius ayant encore deux
armees sur les bras composees de deux cēt mille
hommes courut à Belleus, qu'il attrapa au cãp
de Claudius en Albanie, où il liura bataille aux
Cymbres & les vainquit, comme il feit Beotrix
qui conduisoit les Zeurichiens, lesquels il deffit
pres Marseille. Or en ces grandes affaires il ne
luy estoit loisible de songer à Teutobochus. La
troisiesme est que depuis vne telle bataille & sepulture, les Dauphinois de pere en fils
ont appellé le lieu où a esté trouué ce sepulchre
le champ du Geãt. La quatriesme est l'Epitaphe,
qui est vne des vrayes marques de ceux qui sont
ensepulturez. Or est-il, qu'il s'est trouué escrit
en lettre

Romaine dedans vne pierre *Teutobochus Rex.* La
cinquiesme est qu'il s'est trouué plusieurs medailles d'argent de la grandeur de nos doubles
rouges, ayant d'vn costé la figure de Marius, &
de l'autre vne grande M auec vn A enttelassez.
Or pourquoy auroient esté mises telles pieces,
si ce n'estoit pour asseurer la posterité que Marius auoit subiugué Teutobochus, & par ainsi
on ne doit nullement douter, que ces os soient
ceux du Roy Teutobochus. Si ces raisons ne
sont valables, ie croy que l'experience sera ba-
stante à conclure nostre presente question. Pierre Mazuyer maistre Cirurgien à Beaurepaire,
qui a porté les os par toute la France iusques à
Paris, où il les a monstrez long-temps, m'a certifié comme ces ossements ont esté descouuerts.
Parquoy il est tres-certain veu les histoirês, l'E-
pitaphe, le sepulchre, les medailles, que ces osse-
méts sont vrayemét ceux du Roy Teutobochus.

L'IMPOSTVRE DESCOVVERTE
des os humains supposez, & faussemant
attribuez au tres-haut & tres-
puissant Roy Teutobochus.

CHAP. 16.

L E sage & prudent Philosophe, Pytha-
gore, disoit que les Dieux auoient
donné aux hommes deux choses tres
excellentes, aymer la verité, & s'estudier à faire plaisir, que par ces deux
moyès les hommes s'approchoiét de la diuinité,

qui est la mesme verité & bonté. La Philosophie
qui est le chemin qui nous conduit à ceste perfection diuine, a pour son but la verité, qu'elle
recherche en toutes les choses du monde, autāt
qu'il est possible à l'homme. La Medecine fait
partie de la Philosophie, *quia Medicina cognata &*
soror est Philosophiæ, disoit Democrite, & le Medecin qui est vn Philosophe, approchant de Dieu,
ἰσόθεος comme parle Hippocrate, doit en sa
vacation sur toutes choses aymer la verité, & ne
rien dire ny escrire, qui ne soit veritable. Pour
ceste consideration Galien recommande au Medecin lib. *de constitutione artis*, d'aymer auec pas-
sion la verité, laquelle auoit tellement saisi l'esprit & la poictrine de nostre grand maistre Hippocrate, qu'il n'a rien escrit en Medecine qu'il
n'ait veu & diligemment obserué, ayant esté si
curieux de publier la verité, qu'il n'a point eu
honte de confesser la faute qu'il auoit faict, en
la maladie d'Autonomus, pour aduertir la posterité de ne tomber en pareil erreur, comme il
auoit fait. *Veritatis amore*, ce dit Aristote lib. 1. *Ni-*
chomā. cap. 6. Philosophi sua decreta rescindere debent.
Galien à l'exemple d'Hippocrate, s'est bien gardé d'escrire & publier chose qu'il n'eust veu &
obserué, & pour descouurir la verité de choses
importantes à la Medecine, il a voyagé par mer
& par terre. Combien de faussetez & absurditez
ont maintenant cours & valeur en la Medecine.
Ceux qui les ont les premiers publiez, par ne-
gligence, ou par vne trop grande credulité, ne se
sont pas souciez de recognoistre la verité. Ceux

qui sont venus apres se sont fiez au recit des prè-
miers:& ainsi de main en main, d'escrit en escrit
les faussetez & absurditez ont esté authorisées &
receuës pour veritables, Pline no⁹ aduertit *Idpla*
ruq; fallacißimü experiméto deprehéditur, quia dignita
tes indagare vera pigeat, ignorátia pudore métiri vó pi-
get, haud alió fidei proniore lapsu, quàm vbi falsæ rei gra
uis auctor existit. Democrite se plaint que de son
temps, *Veritatis neque cognitio vlla est, neque vllum*
testimonium. Or puis que la grandeur de nostre
profession nous permet de dire la veriré, qui doit
tousiours loger en l'esprit & en la bouche d'vn
Philosophe Medecin, ie diray librement mon
aduis sur le faict du Geant Teutobochus, d'autant que l'imposture des os regarde le bien public, & est receuë pour verité. Et encores que les
os de ce Geant Teutobochus supposé, ayent esté
acheptez du Roy, pour estre gardez en son cabinet par merueilles & admiration des Geants : ie
ne laisseray pour cela de descouurir la plus grande imposture qui ait esté iamais subtilement
inuentée , & publiee par le porteur d'os,
mais mal demonstree par l'escrit de la Gigantostologie. Ie commenceray par les proportions
du corps humain, que vous rapportez en blot &
en tasse. On dict que Pythagoras le Philosophe
descouurit subtilement la grandeur d'Hercules
long-temps auparauant mort, rapportant l'espace du Stade Olympique, qui contenoit six cens
pieds d'Hercules, à la mesure des autres Stades
de la Grece , qui estoient de mesme longueur.
Mais voyant que le Stade Olympique conte-
G ij

noit plus de pieds que ceux de son temps , aussi
tost recogneut que le pied d'Hercules estoit plus
grand. Ayant trouué la mesure, à proportion d'i-
celle , il trouua la grandeur de tout le corps. Et
Tybere l'Empereur voulāt sçauoir la grandeur
du corps qui auoit porté la dent d'vn pied, qu'on
luy auoit apporte d'Asie, dóna la charge à vn Geo
metre de trouuer par la dēt la grdeāur du corps,
ce qu'il fit, Goropius dit qu'il deuoit auoir 96.
pieds. De mesme ie vous monstreray par les dimensions des parties,& les proportions qu'elles
doiuent auoir entre elles : Que la grandeur de
voltre Geant est ridicule , que tout ce que vous
en auez dict est faux , forgé en voltre esprit , &
qu'il ne doit auoir que douze à treize pieds.

Le tombeau du Geant Teutobochus ouuert, S A LON-
GEVR *égalloit vingt-cinq pieds* & *demy,* LA LAR-
GVEVR, *à l'endroit des espaules, estoit de dix pieds.* Auāt
que de leuer pas vn os, on observa LA MESVRE DE LA
TESTE, *laquelle auoit cinq pieds en longueur,* & *dix en*
rondeur: LA MASCHOIRE INFERIEVRE *auoit de tour*
depuis ses conionctions six pieds: LES ORBITES *ou loget-*
tes des yeux auoient chacune sept pouces de tour , ou de
grandeur d'vne moyenne assiette, CHACVNE CLAVI-
CVLE *auoit quatre pieds de longueur.* En toutes ces
dimensions, ie remarque autant de fautes qu'il y
a de mots, par voltre ignorance aux proportiōs.
Premierement si la largeur estoit de dix pieds, il
faudroit que le corps eut quarante pieds en longueur, d'autant que la largeur du corps n'est que
la quattriesme partie de la longueur. Le liure du
porteur d'os escrit que le corps *auoit de longueur*

vingt pieds, tantost vingt-cinq pieds, & par la supputation de vingt-huict vertebres, que fait le liure du porteur d'os, chaque vertebre ayant presque demy pied en espaisseur, on trouuera que la longueur du corps, ne dement aucunement sa tombe, qu'on a trouuee grande de trente pieds.

I'ay mesuré l'os de la cuisse, celuy de la iambe auec l'astragale ioinct au talon, qui ne montoiét qu'à six pieds, adioustez vn demy pied pour l'os pubis, vous trouuerez que doublant ceste mesure, vous n'aurez que treize pieds ou enuiron. Car la moitié du corps est en la commissure de l'os pubis. Ce que ie vous preuueray encore par la longueur de l'espine. Vous n'estes pas d'accord auec le liure du porteur d'os, pour le regard de la hauteur des vertebres. Car vous dites que la vertebre que vous auez recogneu pour vne du col, auoit 3. doigts d'espaisseur. L'autre dit auoir presque demy pied. Ie dóne encore vn quatriesme doigt à toutes les vertebres du dos & du rable, l'vne portant l'autre. L'espine n'estant composee que de 24. vertebres, vous ne trouuerez que 5. pieds en longueur pour l'eschine. Adioustez vn demy pied pour l'os sacrum , & autant pour la hauteur de la teste en derriere, depuis la conionction de la premiere vertebre iusques au sommet, vous n'aurez que 6. pieds. Doublant ceste mesure qui est la moitié du corps , vous ne trouuerez que douze pieds de longueur en vostre Geant.

Vous dites que la teste auoit en longueur cinq pieds ie ne sçay si vous y comprenez la maxille infe-

rieure , mais ie luy donne pour trouuer
voftre longueur , laquelle si elle eft veritable,
tout le corps deuroit auoir 30.pieds en lôgueur,
d'autant que la tefte ne fait que la sixiéfme partie de la longueur du corps.

Ce qui suit de la maschoire inferieure eft plus
inepte,qu'elle auoit *de tour depuis sa conionction* 6.
pieds. Car si la rondeur de la tefte n'eft que de dix
pieds, le tour de la maxille ne doit auoit que 5.
pieds.

Si les orbites des yeux n'auoient que 7. poulces de tour, elles ne peuuent eftre de la grandeur
d'vne moyenne affiete.　Car il n'y a affiette de
feruice ordinaire tant soit elle petite,chez les or-
feures,ou chez les potiers d'eftain , qui ne con-
tienne vn pied en rondeur & d'auantage.　Si les
orbites des yeux eftoient de cefte grandeur , voftre Teutobochus auoit eu les yeux auffi grands
que celuy qu'auoit ce grand Geant Polipheme
au milieu du front.

Argolici clypei aut Phœbeæ lampadis inftar.
Tellement que la premiere mefure de 7.poul-
ces eft plus probable. Or en cefte mefure le dia-
métre ne peut eftre que de la troifiefme partie,
fçauoir deux poulces & demy ou enuiron, partant l'orbite ne pouuoit contenir d'auantage
qu'vne boulle de pallemail.　N'auez vous point
de honte pour vn Anatomifte que vous eftes,
d'eferire que *chacune clauicule auoit quatre pieds de*
longueur. Ne vous souuenez vous point que l'os
de la iambe felon voftre obferuation, n'auoit en
longueur que pres de 4.pieds, maintenant vous

faictes la clauicule plus grande que l'os de la
iambe.

Maintenant examinons de pres si les parties
qui ont esté exposees tiennent de la nature des
os. Vous dites que *le Chirurgien, pour sçauoir si les
parties exposees sont os*, comme si cela appartenoit
seulement a u Chirurgien & non au Medecin.
*Les doit examiner par la Theorique de son art, il cognoi-
stra la nature de l'os par sa temperature, consistance
& conformation: car par sa temperature on iuge de la
substance de l'os.* Comment pourriez-vous en
vn corps mort cognoistre la temperature de
l'os ? la substance plustost vous fera cognoistre
son temperament, & non pas le temperament la
substance. Aux medicaments le temperament
que l'on descouure par la saueur, l'odeur, &
quelquesfois la couleur, nous faict cognoistre la
substance du medicament, comme nous enseigne Galien, au liure de la faculté des simples. Ce
qui n'est pas de mesme aux os, si vous ne les voulez mascher & ronger entre vos dents.

*La conformation faict recognoistre vn os estre vrayé-
ment tel, quand en sa superficie il a vne lame lisse &
polie, exterieurement & interieurement, & qu'entre
ses deux tables sont contenues plusieurs fibres, creux
& porositez semblables à vne pierre ponce.* Tout cela
n'appartient qu'aux os qui sont spongieux, qui
contiennent vn suc medulaire, sans grande &
longue cauité, lesquels n'ont point de lame
lisse & polie interieurement Les autres os, côme la cuisse, la iambe, le bras, le coude, le rayou,
qui ont tous vne grande & longue cauité, selon

la grandeur de l'os, ne contiennent aucune substance osseuse & spongieuse, sinon aux extremi-
tez, & n'ont point de fibres & porositez entre
deux tables. Il n'y a que la superficie de l'os qui
soit polie, le dedans est aspre & raboteux. Vous
obseruerez tout cela estre veritable aux os re-
cens, & à ceux qui sont pourris pour la longueur
du temps au cimetiere de sainct Innocent, si
vous n'en voulez prendre la peine, on vous le
monstrera & verifiera aux escoles de Medecine.

*Toutes lesquelles marques sont bien recogneues és os
de nostre Geant.* S'il est ainsi, ie vous maintiens que
ce ne sont point des os, ny humains ny des animaux, ains plustost de os fossiles.

A vostre dire, *ils sont secs*, ils le peuuent bien
estre, venans d'vne terre sabloneuse, estans enfermez dans la brique, qui sont matieres fort
desiccatiues.

*Ceste siccité se manifeste par la couleur blanche &
grise.* Ie dirois plustost de gris blanc: Toutesfois
la couleur ne sert de rien pour cognoistre la siccité, d'autant que la neige est froide, la chaux &
le plastre sont secs. Ceste couleur grise & blanche, estoit elle par tout, ou bien en quelques endroicts? Vous auez oublié d'expliquer cela. Or
ie vous maintiens que les os les plus antiques,
sont les plus blancs: ayans esté enfermez dedãs
le sable, ils deuroiét paroistre extrememétblãcs,
la petrification ne les peut obscurcir ou noircir.
Tout ce qui est petrifié ne chãge point de couleur. Ioinct que les Anatomistes, Vesale & Colõ-
bus disent, que pour blanchir les os, il les faut

expofer au courant de l'eau trois ou quatre
mois. Les os du Geant eftans lauez d'vne viue
fource d'eau, comme vous rapportez, deuroient
eftre fort blancs: Les dents qui font des os en
en leur efpece, plus blancs que tous les autres,
deuroient retenir cefte blancheur. Or ils eftoiët
noirs, de la couleur d'vn caillou à fufil, comme
vous auez noté. Si c'eftoient des vrays dents,
qui eft la caufe de cefte noirceur, & fubftance
femblable au caillou de fufil?

Ils font pefants, à caufe de la frigidité & terreftrité.
Vous auez dict vray. Car ils font baftis & formez
de terre petrifiee.

Ils font faicts par condenfation. Ce qui conuient
fort bien aux pierres, & non pas aux os humains.

Ils font fpongieux. Partant ils ne peuuent eftre
d'vn homme ny d'aucun animal.

En quoy ie perfeuere d'auantage, *s'ils font fi-*
breux, comme vous dittes, d'autant que les os
des hommes & des animaux ne font point fibreux. Vous nous enfeignerez, s'il vous plaift,
quelle forte de fibres ont les os, en quel endroict
ils font placez, fi vous les pouuez monftrer aux
os de fainct Inno cent, ie vous tiendray pour vn
excellent Anatomifte, vous apprendrez à tout le
monde quelque chofe de nouueau & incogneu.
Vous fçaurez auffi qu'il n'y a point de membrane pour contenir & enuelopper la vraye moëlle
des os, comme vous dictes, par là vous monftrez
euidemment que vous n'auez iamais faict l'O-
ftocopie de tous les os du corps humain, tant aux
enfans qu'aux hommes parfaicts, pour cognoi-

ſtre les differences des mouelles, qui ſont les os
qui ont mouelle, & ceux qui n'en ont point: cu-
rieuſe techerche, qui eſt plus ſeante & cōue-
nable aux Chirurgiens, pour ſçauoir quels ſont
les os qui ſe peuuent reunir en vingt, trente, &
quarante iours à raiſon de leur cauité & moüelle
que non pas diſputer ſi la moüelle eſt la nourriture des os.

　Si nous eſpluchons de pres tous les os de ce
Geant ſuppoſé, nous trouuerons qu'il y a de la
tromperie, perſonne ne peut par le morceau de
la maſchoire aſſeurer que ce ſoient les os d'vn
homme, mais bié d'vn animal, qui a la maſchoire aigue & poinctue vers le menton, car la largeur de ce morceau eſtoit inegale. Au contraire
la largeur de la maxille inferieure de l'homme
eſt par tout égale iuſques aux angles de ſa ba-
ſe. Vous deſcriuez les racines, & les angets des
déts, comme ſi vous les auiez tirees hors de leur
lieu. Ie ne ſçay ſi ledit meneur d'ours vous a per-
mis de caſſer & briſer les os, qui luy ſeruoient de
paſſeport, & de lettres de change pour aller par
toute la Frāce. Vous deuiez adiouſter cela, pour
vous dōner plus de creance. Vous auez auſſi oublié d'expliquer la largeur & grandeur des deux
morceaux de la maſchoire inferieure, comme
vous auez fait aux autres os. Vous dictes que le
petit morceau du coſté droict, *peſoit ſix liures:* &
l'autre plus grand morceau du coſté gauche, *pe-*
ſois douze liures. Le petit morceau contenoit
deux dents molaires, chaque dent eſtant de la groſſeur
du pied d'vn petit taureau quaſi petrifié, & en couleur

semblable au caillou de fusil. Le poids de six liures
pour le petit morceau de la maschoire, est trop
petit, au respect des deux dents molaires, qui
doiuent peser ensemble sans l'os de la maschoire
plus de huict liures: d'autant que le liure du porteur d'os asseure, qu'vne dent pesoit vnze liures.
Ie ne prens que la moitié du poids pour chaque
dent molaire, vous aurez plus de dix liures, pour
le petit morceau de la maschoire qui contient
l'os, & les deux dents molaires.

S'il s'est trouué vne dent qui pesoit vnze liures, vous auez tort d'escrire, *que ceste dent molaire*
que vous vistes au bout du Pont sainct Michel estoit
plus grande: car elle ne pesoit que quatre liures, quatre
onces, elle auoit vn pied de longueur, huict pouces de lar-
geur, trois pouces & demy d'espaisseur: qui nous faict
voir que celuy qui a porté vne telle dent, estoit bien au-
tre en grandeur, que celuy dont ie parle en ce discours.
Veritablement si la hauteur ou longueur de la
teste est douze fois plus grande que la plus longue dent. La dent de cet homme ayant vn pied
de long, la teste seroit lõgue de douze pieds: sex-
tuplant ceste longueur, vous aurez septãte deux
pieds, pour la longueur du corps.

Que si par le poids des dents, on peut aucunement iuger de la pesanteur, grosseur, & lõgueur
du corps: la plus grosse dent de l'homme ne pesant qu'vne dragme, comme a remarqué Gesnerus, faisant le premier ceste supputation. En la liure de marchand il y a six vingt huict dragmes,
si à proportion de la dent humaine, chaque dent
d'vn Geant pese vne liure; il sera cent fois plus

gros & pefant qu'vn autre homme. Tellement
que voftre Teutobochus felon la groffeur &
pefanteur de fes dents, deuoit eftre auffi gros &
lóg, que les tours de noftre Dame, comme Gar-
gantua, & Pantagruel fon fils, que vous auez oublié de mettre entre les Geants, qui meritent autant d'auoir lieu & rang en voftre Gigantoftolo-
gie, comme les fables & contes que vous rapportez des Poëtes, pour preuuer vne chofe fe-
rieufe.

Vous accordez quant aux vertebres , que la
plus grande ne fe peut dire de quelle partie de
l'efchine elle eft fortie, d'autant qu'elle n'a ny
trous ny apophyfes , par confequent qu'elle eft
heteroclite. Car il eft bié aifé à vn bon Anatomifte de cognoiftre, quand mefmes toutes les apophyfes feroient perdues, de quelle partie de l'efchine elle eft fortie. Partát cófeffez que cefte vertebre n'eft pas du corps humain, ains d'vn animal. La vertebre que vous croyez eftre du col,
felon voftre rapport, *auoit le corps de la grandeur
d'vne moyenne affiette, & trois doigts d'efpaiffeur, fon
trou medullaire à paffer vn mediocre poing.* La grádeur
ou largeur dú corps de la vertebre eft trop ample, à proportion de l'efpaiffeur ou hauteur du
corps: car toutes les vertebres des hommes d'auiourd'huy ont prefque deux doigts en largeur,
& autant en hauteur ou efpaiffeur, par confequét
le trou de voftre vertebre n'eft point naturel,
non plus que le corps & l'amplitude.

La mefure du morceau des coftes que vous
defcriuez vous dementira : *lequel auoit de largeur*

quatre pouces. Or il n'y a vertebre en noſtre corps
qui ne ſoit plus large & eſpaiſſe que la plus grãde & large coſté , partánt ce morceau de coſte
n'eſtoit pas d'vn homme. Ioinct que les animaux
ont les coſtes canelees & fiſſurees par bas, comme les hommes: & ont vne ſubſtance oſſeuſe &
ſpongieuſe entre deux lames polies.

Encores moins pourtiez vous prouuer par le
morceau de l'omoplate , que ce ſoit l'os d'vn
homme. Car les beſtes brutes ont la cauité gle-
noide & les ſourcils. Si vous euſſiez trouué l'a-
cromion, & l'Apophyſe-Coracoide, vous auriez
raiſon d'aſſeurer que ce morceau ſuperieur de
l'omoplate eſt d'vn homme. *Vous eſcriuez que
la cauité de l'Omoplate, portoit enuiron douze pouces en
longueur, & que la teſte du bras qui eſt receue dans
ceſte cauité, n'eſtoit moins groſſe qu'vne moyenne teſte
d'homme.* Ie vous maintiens que la lõgueur d'vn
pied en la cauité de l'omoplate eſt trop grande à
proportion de la teſte, d'autant que le tour de la
teſte du bras doit eſtre triple, à la longueur de la
cauité, il n'y a point de teſte moyenne d'homme
qui ait plus ou moins de deux pieds en rondeur.
En l'os du bras il ne ſe void que la teſte, que vous
appellez impropremẽt epiphyſe: ie croi que c'eſt
à cauſe de la rupture. Car aux os des grãdes perſonnes de 40. ou cinquante ans , il ne ſe remarque plus d'epiphyſe. *Ceſte teſte eſt diuiſee par vne
tres-belle fiſſure, capable de loger vn moyen gallemart,*
mais vous apprendrez s'il vous plaiſt que la ſciſ-
ſure eſt dans la teſte qui eſt aux hommes agez
apophyſe, aux ieunes Epiphyſe, & qu'il n'y a

point d'autre apophyse pour faire là scissure.
Partant rayez de voftre efcrit, les deux apophyfes fuperieures du bras contenant la fciffure.
Vous dictes, que la tefte *de l'humerus n'eftoit moins
groffe qu'vne moyenne tefte d'homme, la tefte de l'os femur portoit en fa dimenfion, la grandeur de la plus groffe tefte d'homme qui foit à prefent.* Auez vous quel-
quefois comparé la tefte du bras auec la tefte de
l'os de la cuiffe, fi vous l'auez faict , vous euffiez
obferué que la tefte du bras eft plus grande ou
auffi grande en ródeur & groffeur que la tefte de
l'os de la cuiffe. Ce qui a efté remarqué par Hippocrate *fect. 3. lib. de fract. part. 52.* où il dit que
l'article de l'os femur, eft plus petit que celuy
de l'humerus, par article il faut entendre la tefte.

   L'os de la cuiffe eftant priué des deux trochã-
ters, ne peut eftre d'vn homme, d'autãt que telles apophyfes font extrémemēt neceffaires pour
attacher quantité de mufcles , qui feruent au
mouuement de la cuiffe. Ny l'os en cet endroit,
eft plus afpre & raboteux qu'en vn autre. Par là
ie collige que ledit Geant, fi ce font les os d'vn
homme, ne pouuoit marcher aifement, confe-
quemmēt que ces os ne peuuent eftre les os du
Roy Teutobochus, belliqueux, qui auoit vne fi
puiffante armee à conduire , où le mouuement
difpos & allaigre du conducteur eftoit extremement requis, pour mettre ordre par tout. Mais
vous dictes qu'ils ont efté rompus, comme eftãt
l'endroict le plus foible de l'os femur , ie vous
maintiens que lefdits apophyfes font les plus
dures parties de l'os, & prefque petreufes, vous

adiouſtez que l'os femur en l'homme , eſt plus grand qu'aux autres animaux. Apprenez que le ſinge auſſi bié que l'homme, ha l'os de la cuiſſe plus grand que tous les autres os de ſon corps; ce qui eſt de meſme en l'Elephant. Ioinct que ledit os de la cuiſſe n'auoit point l'obliquité & longueur de ſon col, qui eſt neceſſaire pour faire l'articulatió ditte enarthroſe, qui donne le mouuement libre à la cuiſſe. Tellement que ceux qui n'ont ceſte obliquité & longueur en vn os, ou deux os de la cuiſſe, ſont boiteux d'vn coſté ou de tous les deux, ayans neantmoins les iambes, les genoux, les pieds égaux, & auſſi lógs l'vn que l'autre, comme remarque Galien, liure troiſieſme de l'vſage des parties. Vous monſtrez par la deſcription de l'os femur que vous eſtes vn tres-mauuais Oſteologien, pour vſer de vos termes, car vous dictes , *l'os femur auoir au deſſous ou eſtoient les Trochanters, trois pieds de largeur , vn pied & demy en ſa partie moyenne, & deux pieds en ſa partie inferieure proche des deux condyles.* Regardez ie vous prie l'os femur d'vn autre homme que voſtre Teutobochus, vous verrez que la partie inferieure proche des condyles, eſt beaucoup plus large que la partie ſuperieure au deſſous des Trochanters. Partant ſi l'os femur en ce Géant auoit trois pieds de largeur en haut , il deuroit auoir quatre pieds ou enuiron par en bas. L'os de la cuiſſe n'eſtoit point vn peu courbé comme il doit eſtre, & n'auoit point la ligne qui eſt tout le long de l'os poſterieurement : le trou que vous deſcriuez en la teſte ne paroiſſoit point , & tous

ceux qui ont veu les os, vous démentiront : le
porteur d'os auoit oublié à le grauer.

L'os Tibia auoit de largeur plus de deux pieds de
tour, & en longueur n'auoit que pres de quatre pieds.
Apprenez que la longueur de la iambe est cinq
fois plus grande, que n'est le tour de l'os par
bas, où il est plus estroict qu'en haut, cet os de la
iambe auoit quelque défaut en sa partie superieure, en ce que les deux cauitez glenoïdes n'e-
stoient bien marquées, qu'il ne se voyoit pas
proprement le lieu de la rotule, comme vous
mesme confessez.

En l'os du talon i'ay remarqué que l'apophyse
posterieure estoit trop petite à proportion de
l'os, car en l'homme elle doit estre presque aussi
grosse que tout l'os pour soustenir le corps, & le
tenir droict, d'autant qu'elle est en partie cause
de la rectitude de l'homme, comme rapporte
Galien. Dauantage ledit astragale n'auoit point
l'apophyse anterieure, qui se doit inserer & ioin-
dre dans la cauité du scaphoïde.

Puis que le Calcaneum auoit la marque de deux os,
qui estoient ioincts en sa partie anterieure, sçauoir le cu-
bisforme & Nauiculaire, il ne peut estre d'vn hom-
me. Car le Calcaneum de l'homme ne touche
que l'os Cubiforme.

Partant puis qu'il se trouue de la difference, &
defectuosité aux os de ce Geant supposé, ils ne
peuuent estre d'vn hôme, d'autant que les figures des os deuoient estre plus apparentes, qu'en
des petits os, selon vostre axiome, que le plus &
le moins ne change point l'espece. I'adiouste ny
la figure,

la figure. Par consequent en vn grand & gros
homme, la figure de tous les os doit paroistre
d'auantage qu'en vn petit corps. De là il s'ensuit que le col de l'os de la cuisse deuroit estre
fort long à proportion de l'os : les trochanters
deuroient parestre fort gros, & faudroit que le
Talon fust eminent & fort gros, pour soustenir
ce grand colosse. Le porteur d'os nous a repre-
senté la teste en son tableau, qu'il n'a iamais veu,
ou s'il l'a veu, il s'est bien gardé d'apporter la teste de cet animal, qui eust descouuert l'imposture-
re. Ce maistre compagnon estant vn subtil barbier, a retranché aux os ce qui luy pouuoit nui-
re, & faict à croire qu'ils ont esté trouuez de ceste façon.

Ce qui me faict iuger d'auantage qu'il y a de
la tromperie en l'ostentation de ces os, & de la
fausseté en vostre escrit, c'est que vous dictes
qu'en douze heures ces os ayans senti l'air, se
sont conuertis en poudre : & que le reste qui
est demeuré estoit petrifié, à cause d'vne eau viue qui couloit sur ces os. Si cela est ainsi cóme
vous dictes, de quoy ne faict mention le petit liure imprimé à Lyon, que le monstreur d'os di-
stribuoit luy-mesme. Ie demande pourquoy le
Perone qui est ioint à la iambe ne paroist point:
il pouuoit & meritoit d'estre petrifié aussi bien
que la iambe: pourquoy plustost vne vertebre
que toutes les autres? Pourquoy plustost la teste
du bras, & la teste de l'omoplate qui sont ioin-
tes ensemble, que la teste du femur qui se void,
& non point l'ischion qui luy est ioint. Si ces os

H

que l'on monstre extraicts des trois parties du
Scelet se font petrifiez, il y a apparence que
l'eau decouloit sur tout le cadauer, depuis la teste iusques aux pieds, toutesfois il ne s'en monstre que certaines parcelles. Or si les os estoient
enfermez dans vn sepulchre de brique couuert
de sable, ils ne pouuoient aisément se reduire en
poudre. Veu que ce sont deux materiaux qui
empeschent & resistent à la pourriture, comme
vous-mesme l'aduouez. Si les os se sont conuertis en poudre ayans senti l'air, il est croyable
qu'ils estoiët desia reduicts en poudre, prests de
s'esparpiller au moindre souffle & attouche-
ment: comment doncques auez vous peu, ou vn
autre mesurer toutes les dimensions du corps &
de toutes les parties, iusques à mesurer la rondeur de l'orbite de l'œil auec vos poulces. Ie
m'estonne comme ceux du pays ayans descouuert les os du Geant n'en ont point faict plus de
bruit, qu'il ne se void point des attestations de
ceux du pays, qui ont visité le monumēt. Comme on n'a point apporté des medailles au Roy,
& beaucoup d'autres circonstances qui ont ac-
coustumé d'estre obseruees en telles raretez.

Au reste ie ne puis croire que ledit Theutobochus eust esté si grād qu'on l'a descrit de 25.
pieds, d'autant qu'il montoit à cheual, & son armee estant mise en route, n'ayant peu trouuer
ses cheuaux de relais, qu'il auoit d'ordinaire
quatre ou six pour rechanger, il fut contrainct
de s'enfuyr à pied, ne pouuant trouuer vn seul
cheual pour monter, ce qu'il n'eust sçeu faire

s'il euſt eſté ſi grand & maſſif comme vous le
deſcriuez. Car il n'y a iamais eu cheual ſi fort &
puiſſant qui peuſt porter vn homme haut de 25.
pieds, il n'eſt pas croyable qu'eſtant grand &
maſſif, il peuſt viſtement gagner au pied & s'eſ-
chapper de la preſſe lors du combat , d'autant
que ces grands coloſſes de Geants ne peuuent
ſi bien ſe remuer & manier que les autres hommes, comme i'ay deſia monſtré par l'exemple
de Polypheme, & du Geant que vit Scaliger à
Milan, ioinct que c'eſt l'opinion d'Ariſtote.

Quand Florus eſcrit que Theutobochus, *vir
proceritatis eximiæ ſuper trophæa ipſa eminebat*, aux
dernieres impreſſions de Florus les Commen-
tateurs ont remarqué, que les manuſcrits qu'ils
ont conſulté & conferé, liſent *inter*, & quand on
voudroit laiſſer *ſuper*, ie vous aduerti que ce
mot *ſuper*, dãs les bons Autheurs, ſe prend pour
inter, comme il eſt prouué par vne infinité de
paſſages au Dictionaire de Calepin, *dictione ſuper.*

Voyons maintenãt ſi l'hiſtoire du Roy Theu- le même p. 14. 5.
tobochus eſt veritable, laquelle vous pretendez
prouuer *par l'authorité, la raiſon & l'experience :*
vous appellez voſtre Geant Theutobocheus
Roy. *Oſorius & Florus* le nomment *Theutobochus
ou Theutobodus dux*, neantmoins on pourroit
prouuer par Plutarque qu'ils auoient des Roys,
lors qu'il dit, que Marius fiſt reſponſe deuant la
derniere bataille aux Ambaſſadeurs, qui le me-
naçoient de la fureur des Teutons, qu'on luy
amena les Roys des Teutons qui auoient eſté
pris. *Il eſtoit Roy en Dauphiné.* Les Autheurs que

H ij

ie vous ay allegué ne font point mention de son Empire & Royauté en Dauphiné, & ne peut estre Roy de ce pays, puisque s'estoient des Alemans qui passoient par Dauphiné, pour se ietter en l'Italie. *Ces gens-là estoient Cimbriens, Teutõs, & ceux de Zeurich, qui auoient esté chassez hors de leur pays des Espagnes, & de la France, par l'innondation de l'Occean.* Les Cimbres & Teutons estoient peuples barbares d'Alemaigne, qui habitoient proche la mer vers le Septentrion. Plutarque en la vie de Marius donne ceste explication, & en ameine d'autres. Ceux de Zurich sont les Suisses du Canton de Zurich. Tellement que leur pays ne peut estre la France, ny l'Espagne. La France est entre l'Espagne & ces peuples, lesquels ne pouuoient aller en Espagne que par la France. Or ils n'ont point passé au trauers de la France, sinon vers le Dauphiné & la Sauoye, & furent arrestez par les Bourguignons, qui prirent & attraperent leurs Roys. *Theutobochus fut esté dãs les bois du Plot, proche le fleuue de Galore:* Par conséquent il estoit bien loin du lieu où l'on a trouué son tombeau, car Galore est vn fleuue de la Toscane.

Les autheurs ne parlent point de son char attelé, ains seulement de son cheual qu'il ne peut trouuer: Plutarque descrit l'equippage de la caualerie, & ne combattirent point sur des chariots.

Le mesme Historien décriuant tout au long ceste histoire, ne fait point mention de Theutobochus, & nomme seulement Beorix Roy des

Cimbres: Partant Beorix n'estoit pas côducteur
des Zeurichiens, comme vous dittes, lequel il
ne deffit point pres Marseille, mais en la plaine
de Verselles dans la Sauoye, guéres loin du fleuue Athesis. Il depeint & figure les Cimbres &
Teutons hommes barbares, & affreux en leurs
visages, de grande taille & corpulence, comme
sont les Alemans, & principalement ceux qui
habitent vers la coste de la mer Septentrionale.
Vous inuentez & forgez des noms des capitaines, quand vous dites Manilius pour Manlius,
Claudius pour Catulus.

Apres auoir raconté l'histoire, vous apportez
vos viues raisons, pour monstrer que les os de vostre Geāt sont les os du Roy Theutobochus. La
premiere est, *que Marius ayant vaincu les Teutons,
& leur chef mort, se contenta d'ordonner de son sepulchre.* Cela est faux & de vostre inuention, les hi-
storiens n'en font point de mention.

La seconde raison, *que Marius ayant deux armees
des Cimbres & Teutons encores sur ses bras, il en deffit vne en Albanie, l'autre pres de Marseille.* Ce sont
deux pays fort distans, dequoy ne parlent en ces
termes les histoires. *Or en ces grandes affaires, il ne
luy estoit pas loisible de songer à Theutobochus.* Neāt-
moins auparauant vous auez dict que Marius
auoit ordonné de son sepulchre: vous deuiez de
vous-mesme inuenter & dire, celuy qui auoit
enseuely ce pauure Theutobochus.

La troisiesme raison est, *que de pere en fils on a
appellé le lieu où a esté trouué ce sepulchre, le champ du
Geant.* S'il a esté enterré pres Galore, il y a vne

grande diſtance, iuſques à Aix, ou bien Romans,
qui eſt plus de cent lieües.

La quatrieſme raiſon eſt, *l'epitaphe eſcrit en lettre Romaine dedãs vne pierre:* Ie dirois ſur vne pierre. Le liure du porteur d'os ne faiƈt point mention de l'epitaphe, ny de l'eſcriture Romaine,
mais il parle bien des medailles, qui eſt voſtre
cinquieſme raiſon.

Vous dites *qu'en ceſte medaille d'vn coſté eſtoit la
figure de Marius,* ce qui eſt faux, dautãt que le liure
du porteur d'os ne l'euſt pas oublié, de l'autre
coſté *il y auoit vne M. & vn R. entrelaſſez, qui ſi-
gnifioiẽt Marius.* Les caracteres que repreſente le
liure du porteur d'os en ceſte façon,
ſont Gothiques, non pas Romains,
& ne ſe trouue aucune inſcription
Romaine qui reſſemble à celle cy.
Par conſequent ceſte medaille eſt de nouuelle
fabrique, depuis quatre cẽt ans, ſi elle eſt vraye,
& les deux lettres ne peuuent ſignifier Marius,
& n'y a point d'apparence que les Teutons qui
eſtoient ou en fuitte, ou tous tuez, ayent mis ces
medailles dans le ſepulchre de Theutobochus,
en l'honneur & memoire de Marius.

Pour concluſion, *Pierre Mazuyer maiſtre Chirurgien à Beau-repaire, vous a certifié tout cela.* Cet
homme eſtoit le porteur & monſtreur d'os, que
vous qualifiez Chirurgien. Pourquoy donc de-
niez-voꝰ le tiltre & la qualité des vrays Chirurgiens à ceux qui pendent des baſſins? de là ſ'en-
ſuit que tous les Barbiers des petites villes &
bourgades, ſont Chirurgiés abſolus ſans queüe

de Barbier. Peut-estre qu'en la faueur du Chirurgien vous auez composé voſtre Gigantoſto-
logie, ſelon le commun prouerbe, qu'vn Barbier ray l'autre. De meſme pour gratifier ledit
Chirurgien, & pour faire valoir ſes os, M. Ha-
bicot a mis la main à la plume, croyant qu'il n'y
auoit perſonne plus capable que luy, pour donner credit & authorité à ces os. En quoy il a fait
pareſtre ſon bel eſprit, & ſa ſcience anatomi-
que: *Exultauit ſicut Gigas ad currendam viam*, & a
creu qu'eſtant monté ſur les eſpaules d'vn autre
Geant, il ſe feroit mieux voir & admirer de tout
le monde. Mais Protogenes par vn ſeul traict
de pinceau recogneut l'eſprit d'Apelles abſent.
De meſmes, comme vous dites veritablement,
on recognoiſt la beſte à l'ongle, & à l'os.

Parquoy il eſt tres-certain, veu les hiſtoriens, l'e-
pitaphe, le ſepulchre, les medailles, que ces oſſements ſont
vrayement ceux du Roy Theutobochus: & moy tout
au contraire, ie vous ay preuué par toutes ces
marques, qu'il eſt tres-faux, que leſdits os ſoiét
d'vn homme, encore moins du Roy Theutobochus, duquel les os peuuét auoir eſté décou-
uerts autres fois, s'il eſt mort & enterré pres
Aix comme le certifie Florus, non pas pres Galore. Car i'ay deſia monſtré au chapitre 10. que
pres de Valence & au meſme territoire de Romans, où ont eſté trouuez les os de voſtre Roy
Theutobochus, autresfois ont eſté deſcouuerts
des os fort grands, & que toute ceſte contree en
eſt pleine, Sçauoir ſi tels os viennent de Balenes & grandes beſtes marines, qui furent iet-

H iiij

tees fur le riuage de Marfeille , quelques vnes
s'eftant efcoulées dans le Rhofne , qui coftoie
toute cefte campagne offeufe, ou bien fi ce ne
font point des offeméts de Balenes, qui fe prennent tous les ans en cefte contree,comme nous
le certifie Rondelet,ou bien c'eft que le terroir
a cefte proprieté d'engendrer telles pierres of-
feufes, d'autant que Strabon lib.4. Geographiæ
nous apprend, qu'entre Marfeille & l'embou-
cheure du Rhofne,il y a vne campagne diftante
de la mer de cent ftades,qui contient autant en
largeur,laquelle s'appelle *campum lapideum*,par-
ce qu'elle eft couuerte & remplie de pierres, qui
peuuét emplir la main. Deffous lefdites pierres
la terre eft couuerte *de gramen* , qui donne la
nourriture au beftail, au milieu de ladite terre,
fe trouuent des eaues fallees & du fel. Or s'il eft
veritable ce que recite Strabon,& que les offe-
mens que l'on monftre pour ceux du Roy Teutobochus, ayent efté trouuez en cet endroict,
tout petrifiez par vne fource d'eaue viue qui les
arroufoit. Ie ne doute point que cefte eau, peut
eftre falee , n'aye conuerty du bois en pierre,
puis que c'eft le propre des eaues falees , de reduire & conuertir en pierre, le bois qui y eft tré-
pé. Paracelfe en diuers endroicts de fes liures,
monftre euidemment que le fel, qui eft dans la
terre,felon fa diuerfe nature produit les pierres,
& les mineraux.C'eft ce que veut preuuer Frã-
cifcus Patricius en fes difcours peripatetiques,
où il dit,que le fel eft la femence de toutes chofes,que la mer a efté faicte falee,afin que trauer

sant le globe de la terre , elle engendrast diuers
sels, qui sont les causes premieres de tous les
mineraux. Puis donc que les os de Theutobochus ont esté trouuez dans vne sablonniere, que
l'on fouilloit pour trouuer de la chaux, il y a apparence que la chaux auec la marne , ou bien la
chaux , le sable & ceste eaüe viue qui decouloit
en ce lieu, meslez & paistris ensemble, sont la
cause materielle & efficiente de ces os. Par
cõsequent ne faut point douter qu'ils ne soient
fossiles, ioint qu'il est fort aisé de contrefaire
des os pierreux ; puis qu'il y a des eaües qui pe-
trifient le bois, & que mesme par artifice on
peut conuertir du bois en pierre, s'il me falloit
preuuer par exemple qu'il y a des eaües petri-
fiantes, i'en pourois produire vn grand nombre, mais de peur que passant cela sous silence,
l'on ne iugeast que ce fust par ignorance, ie
cotteray seulement les autheurs qui en ont escrit. Seneque *lib. 3. cap. 17. quæst. naturalium. Stra-
bo lib. 13. Encelius lib. 3. cap. 3. de re metallica. Vitru-
uius lib. 2. Baccius lib. de Termis. Kentmanus fol.
56. & 36.*

   *Flumen habes Cicones, quod potum saxea reddit
    Viscera , quod tactu inducit marmorea rebus*

Kentmanus nous apprend , comme l'on peut
par artifice conuertir le bois en pierre ; mettez,
dit-il , vn morceau de bois de telle grosseur que
vous voudrez dans le chauderon, où l'on cuit le
houblon pour faire la biere. Si vous le retirez, le
houblon estant parfaictement cuit, & que vous
l'enseuelissiez dans du sable ou glaise, dans la ca-

ue, ou en lieu creux l'eſpace de trois ans, au bout
du temps vous trouuerez le bois conuerti en
pierre dure & ſolide, de laquelle on fait des
queux pour éguiſer les ferreméts & couſteaux.
Dauantage ſi l'on peut contrefaire la chair des
muſcles, & le parenchyme du foye, meſme le
ſang. Pourquoy dōc ne pourroit on pas falſifier
les os humains. Libauius en ſon traicté *de mola*
minerali, nous enſeigne comme l'on peut faire
tout cela. Partant qui empeſchera de ſoupçon-
ner, que l'on ait vſé d'artifice aux os pierreux du
Roy Theutobochus, car on n'en monſtroit que
certains morceaux, que l'on vouloit faire croire
reſſembler aux os humains. La iambe & la cuiſſe eſtoient faictes de pluſieurs pieces collees, &
maſtiquees enſemble.

I'adjouſte que les os dans la terre ſe peuuent
petrifier, & deuenir trois fois plus eſpais qu'ils
n'eſtoient quand ils ſeruoient à l'homme. Mon-
ſieur Gonier Apoticaire garde en ſon cabinet,
vne teſte d'vne groſſeur eſtrange, elle a de tour
deux pieds quatre poulces, & depuis la couſture
coronale iuſques au menton, a vn pied trois
poulces, ſi ceſte teſte eſtoit naturelle, celuy qui
l'a porté, deuoit eſtre vn Geant. Mais ce que ie
trouue eſtrange en la teſte eſt, que l'os frontal
où ſont les ſinus iuſques à la ſuture coronale, eſt
eſpais de quatre doigts, l'eſpeſſeur eſt ſpongieuſe, les autres os de la teſte ſont de l'eſpeſſeur
d'vn demy doigt, les os de la maſchoire ſuperieure & inferieure ſont d'vne meſme eſpeſſeur, fongueuſe comme l'os frontal; les dents ne

sont plus gros, ny les augets plus grands, qu'en
vne autre personne. Tellemēt qu'il semble que
ce crane se soit espessi & grossi dans la terre, aux
endroits des os qui sont creux & spongieux.
I'ay veu entre les mains de Monsieur Pineau
Chirurgien vn semblable crane, grandement
espais à l'os frontal, & à la maxille superieure
au respect des autres os du crane, l'orbite de
l'œil & le trou de l'oreille n'estoient point
plus larges & amples, qu'en vn autre crane.
Monsieur Bonnet Chirurgien m'a monstré vn
crane aussi ample que deux des nostres, qu'vn
pauure malade de l'Hostel Dieu, qui n'e-
stoit plus grand que l'ordinaire des hommes,
auoit porté. Ce crane auoit les os fort minces
& deliez, qui s'estoient ainsi estendus & ampli-
fiez par vn hydrocephale.

Par l'examen des os du Roy Theutobochus,
on pourra confronter & verifier les os des autres Geants qui se presenteront. Mais pour dis-
cerner les defauts & impostures qui s'y trouuent, il n'appartient qu'à vn Medecin Anatomiste. Ce que ie pense auoir curieusement &
veritablement executé, en l'examen des os du
Roy Theutobochus, qui m'ont donné sujet de
remarquer par la lecture des liures, les inepties
& faussetez des Geāts, publiees & receües pour
veritables. Sur le dessein que i'en ay tracé, quelqu'vn pourra mieux faire que moy, ie luy donne volontiers le flambeau pour esclairer les
autres.

Discours sur les Nains & petits hommes.
CHAP. 18.

APres auoir parlé des Geants, il ne sera hors de propos de dire vn mot des Nains & petits hommes, qui sont le contraire des Geants, pour monstrer que de tout temps il s'est veu des petits hommes, aussi bien que des grands. Les causes de ceste petitesse sont donnees par Aristote en ses Problemes, la premiere est tirée du lieu où l'enfant est formé, lequel estant estroit, empesche l'enfant de s'estendre & accroistre en longueur. L'autre est prise de la nourriture, que l'enfant dans le ventre de la mere, ou bien estant allaicté, n'a pas eu suffisante pour estédre son corps. On peut adjouster vne troisiesme cause, qu'en la generation ou conformation de l'enfant, il n'y a pas eu assez d'estoffe, pour allóger le corps d'vne iuste grandeur. Nous voyons aussi que les enfans qui viennent de parents petits, ordinairement demeurent & s'entretiennent petits. Ainsi la race des Pygmees s'est conseruée petite. Paracelse en son liure *de natura rerum*, monstre comme sont esté engédrez les petits hommes, & les moyens d'en former de pareils, qui auront vie & mouuement. Ce qui est vne impieté execrable & impossible, de laquelle nous auons parlé cy dessus, en la page 54. Nous remarquons dans les histoires, vn grand nombre de Nains & petits hommes, desquels i'en rap-

porteray quelques exemples, pour verifier ceste
generation. M. Antoine tenoit aupres de luy vn
Nain nommé Sifyphus, de la hauteur de deux
pieds, qui auoit l'efprit vif & fubtil. A. Cæfar
menoit auec luy par admiration vn Nain bien
né, nommé Lucius, qui n'auoit pas deux pieds.
Iulia petite fille d'Augufte Cæfar, aimoit vn
Nain nommé Conopas, qui pouuoit auoir de
hauteur deux pieds & vn poulce. Cefte Dame
& courtifanne Romaine auoit auffi vne feruan-
te Andromede, qui n'auoit de hauteur qu'vn
coulde, que l'on portoit dans vne cage de perroquet. M. Maximus & M. Tullius Cheualiers
Romains, n'auoient que deux couldees de hauteur, lefquels Pline dit auoir veu enfermez dans
des boiftes. Ælian & Athenée rapportét, que le
poëte Archeftratus eftoit fi petit & fi leger,
qu'eftant mis à la balance, il ne pefoit qu'vn
obole. Sous le regne de Theodofe l'Empereur,
f'eft veu en Ægypte vn homme qui n'eftoit pas
plus haut qu'vne perdrix, lequel neantmoins,
chofe efmerueillable, auoit le iugement & l'efprit addonné aux lettres, & fa parole demôftroit
fon efprit, il vefquit iufques à vingt-ans. Cardan
dit qu'il f'eft veu en Italie vn petit homme d'â-
ge parfait, que l'on portoit dans vne cage comme vn perroquet. Philetas Cous eftoit fi petit &
leger, qu'il fut contraint de porter des poids à
fes pieds, de peur que le vét ne le iettaft par terre. Caffanio tefmoigne auoir veu à Lyon deux
Nains fort petits, qui n'auoient chacun qu'vn
coulde de hauteur; defquels l'vn auec vne gran-

de barbe estoit vestu d'vne longue robbe portant vn bõnet carré, & le chapperon sur l'espaule, l'autre portoit l'espee au costé comme vn soldat. Platerus en ses obseruations dit auoir veu
trois Nains desquels l'vn n'auoit que trois pieds
de hauteur, l'autre n'auoit que deux pieds & demy, le troisiesme estoit aux nopces du Duc de
Bauieres, lequel on enferma dans vn pasté pour
le seruir sur la table, venant à ouurir le pasté le
petit Nain armé de toutes pieces parut sur la table, escrimant auec deux espees, & faisant mille
cabriolles plaisantes. Lucilius poëte Gréc, en
vn epigramme de l'Antologie se mocque de la
petitesse de Menestratus, qu'vn fourmi d'vn
coup de pied eust peu terrasser, l'Epigramme
est tourné par Ausone, & accommodé à la personne de Faustulus.

Faustulus insidens formicæ vt magno Elephanto,
 Decidit: & terra terga supina dedit:
Moxque idem ad mortem est multatus calcibus eius,
 Perditus vt posset vix retinere animam.
Vix tamen est fatus, quid rides improbe liuor?
 Quod cecidi? cecidit non aliter Phaëton.

On fait estat des Pigmees pour des petits hommes, desquels ie desire esclaircir le subiect, puisque nous sommes sur le discours des petits hõmes. Plusieurs tiennent que la nation des Pygmees est vne fiction poëtique forgee par Homere lib. 3. Iliados, & depuis fomentee par les
discours fabuleux de ceux, qui ont escrit depuis
Homere Strabon lib. 1. & 17. Geographiæ, croit
que c'est vne fable, d'autant que personne n'as-

seure auoit veu de semblables hommes. Albert
le grãd en son histoire des animaux dit, que l'on
a pris les singes qu'on auoit veu dans des Isles
desertes, pour des petits hommes. M. Paul Venitien liure 3. de ses nauigations, chap. 15. recite qu'és Indes Orientales au Royaume Bas-
mam, se trouent des singes grands & petits, qui
ressemblent fort bien aux hommes, les chas-
seurs les prennent, leur ostent tout le poil fors
qu'à la barbe & aux parties honteuses, puis les
embausment, & ainsi desseichez les vendent aux
marchands, qui les distribuent aux autres regiõs
faisants accroire que ce sont petits hommes, qui
habitent dans les Isles de la mer. Neantmoins
Aristote *lib.8.cap.11.hist.animalium* fait mention
des Pygmees comme d'vne chose tres-veritable
Photius en sa biblioteque, rapporte vn discours
extraict de Ctesias, qui en parle pertinemment
en son histoire des Indes, il dit qu'ils ont la plus-
part en hauteur vn demy coude, les plus grands
ont deux coudes, la barbe leur descend iusques
aux pieds, & les cheueux par derriere leur trais-
nent iusques aux talons, ainsi reuestus ne portẽt
point d'autres habillemens, & auec vne ceinture
se ceignent le corps pour tenir attaché & subiect
leur poil, ils ont la verge longue & pendante
iusques aux cheuilles des pieds, & sont fort bõs
arbalestriers. Chez Ezechiel le Prophete il est
fait mention des Pygmees, qui estoient en la ville de Tyrus se seruants de l'arbaleste. Ces Pygmees d'autant qu'ils habitoient dans les cauernes, sont appellez par Aristote *Troglodytæ*, & par

Pline *spithamai*, dautât qu'ils n'auoiét que trois
spithames de hauteur, qui font deux pieds cinq
pouces Iuuenal en fa Satyre 13. en parle felon le
recit d'Homere, qu'ils combattent contre les
grües. Partant puis qu'Ariftote, & Pline ont
parlé pertinemment des Pygmees, ie croy que
ce n'eft point vne chofe fabuleufe. Ie trouue de
la difficulté pour le lieu de leur demeure. Pline
les met aux Indes vers l'Ethiopie, Ctefias au
milieu des Indes Orientales, Pomponius Mela
les range dans le fein Arabique; Pline en vn autre lieu les place en Geranie prouince de Thrace, ce qui fe rapporte à Iuuenal, qui les met en
Thrace, Ariftote les affigne en la Scythie proche des Palus au deffus du Nil, Paul Ioue en fa
legation aux Mofcouites, rapporte qu'au delà
des Lapons, en vne region fort obfcure & tene-
breufe, il fe trouue des Pygmees reffemblãs aux
finges, lefquels quand ils font paruenus en leur
perfection, ne font plus hauts que les enfans de
noftre païs à deux ans. C'eft vne nation fort
paoureufe, qui a vn iargon reffemblant à noftre
parole. Olaus Magnus affeure qu'aux extremi-
tez du Septentrion, fe treuue des petits hommes qui f'appellent *Schrelingers*, qui ne font plus
hauts de la longueur ou efpace du pas d'vn hõme. Les derniers voyages des Hollandois rapportent qu'en la nouuelle Zembla, ils ont defcouuert des petits hómes, hauts de trois pieds,
qui font fort difpos à la courfe, & flechiffent
les genoux en deuant, auffi bien qu'en derriere.

F I N.

www.ingramcontent.com/pod-product-compliance
Ingram Content Group UK Ltd.
Pitfield, Milton Keynes, MK11 3LW, UK
UKHW020841120726
13693UKWH00002B/759